MANUEL

DE LA

CULTURE ET DE L'ENSILAGE

DES MAÏS

ET AUTRES FOURRAGES VERTS

PAR

AUGUSTE GOFFART

Chevalier de la Légion d'honneur,
Membre correspondant de la Société centrale d'agriculture de France,
Secrétaire de la Chambre consultative d'agriculture
de Romorantin,
Membre du Comité central agricole de la Sologne, etc., etc.

PARIS

G. MASSON, ÉDITEUR

LIBRAIRE DE L'ACADÉMIE DE MÉDECINE

120, Boulevard Saint-Germain, en face de l'École de Médecine

1877

MANUEL

DE LA

CULTURE ET DE L'ENSILAGE

DES MAÏS

ET AUTRES FOURRAGES VERTS

MANUEL

DE LA

CULTURE ET DE L'ENSILAGE

DES MAÏS

ET AUTRES FOURRAGES VERTS

PAR

AUGUSTE GOFFART

Chevalier de la Légion d'honneur,
Membre correspondant de la Société centrale d'agriculture de France,
Secrétaire de la Chambre consultative d'agriculture
de Romorantin,
Membre du Comité central agricole de la Sologne, etc., etc.

PARIS
G. MASSON, ÉDITEUR
LIBRAIRE DE L'ACADÉMIE DE MÉDECINE
120, Boulevard Saint-Germain, en face de l'École de Médecine

1877

Clichy. — Impr. Paul Dupont, rue du Bac-d'Asnieres, 12.

A MESSIEURS LES MEMBRES

DE LA

SOCIÉTÉ CENTRALE D'AGRICULTURE DE FRANCE

C'est à vous que je dédie ce petit livre, à vous qui avez accueilli si favorablement mes essais dans la voie que je viens de parcourir.

Vous y verrez que l'auteur ne s'est pas endormi sur ses premiers succès et que, depuis deux ans, il a marché à grands pas vers de nouveaux progrès.

C'est à vous à juger si le but est tout à fait atteint, comme il le croit, ou s'il doit continuer à chercher encore des solutions qu'il considère comme définitivement acquises à la pratique agricole.

Dans tous les cas, il confie son œuvre à votre impartialité.

Auguste Goffart.

PRÉFACE.

Lorsque je conçus la pensée de rédiger un manuel résumant mes travaux sur l'ensilage, ma première idée fut de réunir et de publier, selon leur ordre d'éclosion, les différents articles que j'ai successivement livrés à la publicité, sauf à rectifier par des notes annexes les parties qui m'auraient paru susceptibles de rectification. Je me fusse épargné ainsi le travail le plus fastidieux qu'on puisse imaginer, celui de remâcher en quelque sorte un aliment déjà péniblement élaboré. Si je n'ai pas suivi cette première pensée, c'est qu'elle offrait de sérieuses difficultés.

En commençant, il y a quatre ans, mes publications sur l'ensilage, je ne me dissimulai pas et je ne cachai pas au monde agricole que mes succès étaient loin d'être complets et que ma tâche n'était pas à la veille d'être terminée.

Depuis lors, j'ai travaillé sans relâche à perfectionner mes premier procédés, j'ai rectifié une à une les idées erronées que je m'étais faites au début sur les modifications que la matière subit dans le silo, et par suite j'ai été amené à concevoir divers changements à apporter dans mes premiers procédés.

Cette ligne de conduite que j'ai suivie constamment, ne me l'étais-je pas tracée d'avance lorsque je disais à Blois, le 8 mai 1875, dans une conférence publique :

« *Tout étudier, tout suivre, tout comparer, être toujours sur la brèche, savoir changer de système quand on reconnaît s'être trompé, tel est le devoir du cultivateur qui s'est imposé une mission comme celle que je remplis.*

« *Depuis mes premiers écrits*, ajoutais-je, *j'ai dû renoncer à des idées que je croyais au-dessus de toute contestation. Il faut savoir s'avouer à soi-même qu'on s'est trompé et surtout l'avouer aux autres sans y mettre d'amour-propre et sans autre passion que celle de la vérité.* »

C'est grâce à cette absence de parti pris, grâce à une étude de tous les instants et à un travail opiniâtre, que j'ai rectifié mes idées erronées de la première heure et que je puis aujourd'hui recommander à mes confrères agricoles un système complet d'ensilage applicable à tous les fourrages verts indistinctement, en leur garantissant un entier succès s'ils consentent à suivre à la lettre toutes mes prescriptions.

Ce n'est pas, en effet, depuis peu d'années seulement que je m'occupe de questions agricoles, industrielles et commerciales, toujours étroitement liées. Bien jeune encore, âgé seulement de 24 ans, je créais en Belgique, en 1835, les hauts fourneaux de Monceaux, près Charleroy, l'un des plus importants établissements de la contrée, et j'en suis, depuis quarante ans, l'un des administrateurs. En 1846, je faisais l'acquisition, en pleine Sologne, du domaine de Burtin qui comportait alors 1,200 hectares environ ; à partir de cette époque, ma vie s'est partagée entre l'agriculture et l'industrie. C'est à Burtin que, dès 1852, j'ai commencé à étudier pratiquement l'important problème de la conservation des fourrages.

Je dois ici remercier la Providence, qui m'a donné la force de mener de front et non sans quelques succès des travaux si divers en apparence, mais en réalité si propres à se compléter mutuellement ; il faudra bien que dans l'avenir l'agriculteur soit toujours doublé de l'industriel.

La passion de toute ma vie, celle qui ne s'éteindra qu'avec moi, c'est la passion du travail ; c'est à elle que je devrai, j'espère, l'honneur d'avoir attaché mon nom à une œuvre agricole dont l'importance sera chaque jour mieux appréciée et ira sans cesse en grandissant.

CULTURE ET ENSILAGE

DES MAÏS

ET AUTRES FOURRAGES VERTS

I

Avantages que présente la conservation des fourrages par l'ensilage sur le mode de conservation par le fanage.

S'il est un fait avéré, reconnu de tous les cultivateurs, c'est qu'une quantité d'herbe donnée qui, consommée à l'état vert, représente une valeur nutritive déterminée, perd une partie notable de cette valeur en passant à l'état de foin destiné à la nourriture hivernale des bestiaux.

La vache qui vous donnait en été, nourrie d'herbe verte, d'excellent lait et d'excellent beurre d'une couleur et d'une saveur des plus agréables, ne fournit plus en hiver, quand elle mange la même herbe convertie en foin, qu'un lait médiocre et un beurre pâle, dur, insapide.

Quelles modifications a donc subies cette herbe dans le passage qu'elle a accompli de l'état d'herbe verte à celui de foin ? Ces modifications sont nombreuses ; il suffit de traverser un pré au moment où l'herbe récemment fauchée y est étendue et subit la dessiccation pour reconnaître que celle-ci abandonne alors une énorme quantité de sa substance qui s'exhale dans l'atmosphère en senteurs agréables du reste, mais qui, restée dans la plante, devait lui servir en quelque sorte de condiment facilitant la digestion et l'assimilation.

Tous nos cultivateurs, ceux de Sologne surtout, savent comment l'herbe verte augmente assez rapidement le poids de nos jeunes bêtes en été, tandis que, convertie en foin et consacrée à leur nourriture d'hiver, elle parvient à peine à les entretenir dans le *statu quo ;* le foin donné à discrétion ne les empêche pas toujours de maigrir.

Donc, le fait seul de la dessiccation accomplie par le beau temps, c'est-à-dire dans les meilleures conditions, détermine la perte d'une partie notable des substances essentielles. Cette perte, ajoutée aux modifications physiques qui rendent la mastication et la digestion plus difficiles pour le foin que pour l'herbe fraîche, et par suite l'assimilation moins complète, mérite la plus sérieuse attention de la part de ceux qui se préoccupent des questions agricoles.

Les perte que je viens de signaler sont loin d'être les seules qui puissent résulter de notre mode actuel de transformation de l'herbe en foin.

Les pluies quelquefois prolongées survenues pendant la fenaison, l'absence de chaleur suffisante en automne, sont des causes de détérioration du foin bien autrement puissantes.

Quel agriculteur n'a vu cent fois ses foins lessivés par les pluies, privés par suite de leurs éléments les plus assimilables et les plus riches; puis, les pluies se prolongeant, ces mêmes foins envahis par une espèce de pourriture nauséabonde qui dégoûte les animaux et leur cause des maladies redoutables lorsque la faim (*malesuada fames*) les détermine à les manger?

Si les choses se passent ainsi pour les fourrages ordinaires, trèfle, luzerne, sainfoin, etc., qu'adviendra-t-il lorqu'il s'agira des fourrages de haute taille et à grands rendements, tels que maïs ou sorgho? Jamais sous nos climats tempérés on n'en obtiendra une dessiccation suffisante par le soleil.

Ce sont les graves inconvénients que je viens de signaler qui, de temps immémorial, ont engagé les agriculteurs à chercher de nouveaux modes de conservation pour leurs fourrages.

Il y a près d'un siècle, l'Allemand Klapmayer attirait l'attention du monde agricole sur un système de conversion de l'herbe en foin dont il était l'inventeur et qui porte encore son nom : foin brun, méthode Klapmayer.

Cette méthode, qui a fait grand bruit au moment de son apparition, a eu son époque d'engouement. Elle a été successivement prise, abandonnée, reprise encore, mais en somme elle n'a jamais pu s'implanter solidement dans les usages de l'agriculture.

Pour ma part, au début de ma carrière agricole, il y a plus de trente ans, je poursuivis avec ténacité, pendant deux campagnes, des expériences où je m'attachai à suivre servilement les prescriptions de Klapmayer. Combien de fois ne me suis-je pas levé, en pleine nuit, avec l'un de mes ouvriers, pour m'assurer, le thermomètre à la main, que mes herbes amoncelées en tas plus ou moins volumineux ne dépassaient pas le degré de chaleur indiqué comme limite extrême et comme devant m'assurer une excellente conservation ! Je n'ai jamais réussi et je doute que d'autres aient été plus heureux que moi.

Quelques années plus tard, je m'adonnai à la culture des maïs et je me mis à chercher pour eux un système de conservation par l'ensilage. J'y ai complétement réussi, mais après des milliers d'expériences qui n'ont pas duré moins d'un quart de siècle.

C'est afin de faire profiter tous les agriculteurs de l'expérience acquise — souvent à mes dépens — sur cet important sujet, que j'écris ce *Manuel*. Je veux surtout élucider la question de la culture et de la conservation des grands maïs, qui donnent de si considérables quantités de matières alimentaires. Je parlerai aussi de la conservation des autres fourrages, qui repose sur l'observation des mêmes règles. Mais la culture du maïs-fourrage ayant pris, dans ces dernières années, une grande extension, c'est surtout cette plante qui doit nous occuper ici.

II

Différentes espèces de maïs.

Pour avoir plus tôt du maïs frais à donner aux bestiaux en été, je sème en mai un demi-hectare de maïs quarantin. C'est une variété de maïs précoce, mais d'un rendement peu élevé. Sa précocité est son principal et presque son seul mérite.

Pour mes ensilages, je ne cultive que les grands maïs étrangers.

En 1876, je semai quelques graines de cusco (maïs originaire de Hongrie, je crois) qui m'avaient été données, pour essai, par M. Vilmorin ; ces graines étaient vieilles et cinq seulement ont levé. Les tiges, qui ont dépassé trois mètres de hauteur, étaient d'une grosseur remarquable; deux d'entre elles mesuraient au collet 18 ou 21 centimètres de circonférence ; il est impossible de classer de pareils arbres parmi les fourrages ; il faut les considérer comme des objets de pure curiosité et je n'en parle ici que pour mémoire.

Voici les noms des maïs que j'ai cultivés l'an dernier et qui sont entrés dans mes silos :

Les maïs que j'avais reçus du Nicaragua tenaient évidemment le premier rang ; leur haute taille, le grand nombre de larges feuilles qui les couvraient depuis la racine jusqu'au sommet, leur rendement en poids le plus élevé de tous, constituaient en leur faveur une supériorité incontestable.

Venait ensuite le maïs d'Algérie, récemment importé dans notre colonie africaine sous le nom de Caragua et cultivé par M. de Bonand, l'habile agriculteur qui préside la Société d'agriculture d'Alger.

Ce maïs est excellent sous tous les rapports : levée sûre, rendement considérable. Il serait à désirer que l'Algérie se mît en mesure de nous en livrer de grandes quantités.

Je n'en ai pas semé d'autres l'an dernier.

En 1877, j'ai reçu de nouveau trois espèces de maïs du Nicaragua ; toutes trois ont à peu près la même forme. Le jaune et le noir étaient passablement conservés, quoique déjà attaqués par les charançons ; quant au blanc, il était en partie dévoré par ces insectes et j'ai eu beaucoup de peine à en tirer quelques litres dont la levée a été très-pénible et très-irrégulière.

Les seuls maïs qui me soient arrivés intacts m'avaient été expédiés non égrénés, avec leurs tiges et leurs enveloppes. Les frais de transport, sous cette forme, seraient beaucoup plus élevés; mais il ne faudrait pas se laisser arrêter par un léger surcroît de dépense de ce chef, si les maïs du Nicaragua avaient quelque chance de s'acclimater et d'atteindre dans le midi ou en Algérie une maturité suffisante pour nous procurer de bonnes semences.

Sur dix sacs dont on m'avait annoncé l'envoi, huit seulement me sont parvenus ; ils contenaient 400 kilogrammes et m'ont coûté, rendus à Saint-Nazaire 192 fr. 35 c., c'est à dire 48 fr. 08 c. par 100 kilogrammes. Ce prix ne serait pas exorbitant si les maïs m'étaient arrivés intacts.

J'ai dit ailleurs, sans qu'il soit utile d'y revenir ici, quelles difficultés j'ai éprouvées pour me procurer quelques sacs de maïs du Nicaragua. La plus sérieuse de toutes, c'est la présence des charançons qui dévorent les grains à peine récoltés et constituent un véritable fléau pour l'agriculture de cette contrée chaude et humide.

Cependant le sac unique qui m'est parvenu en 1876 (seul des cinq qui m'avaient été expédiés) paraissait à peu près intact au moment de son arrivée ; j'en plantai la moitié et la levée fut rapide et complète. Quoique semés tardivement, ces maïs du Nicaragua finirent par dépasser mes autres maïs, semés beaucoup plus tôt.

J'avais conservé la moitié de cette semence pour l'employer en 1877 en prévision de l'impossibilité où je pourrais être de m'en procurer d'autre au printemps, mais j'éprouvai un cruel désappointement. Dès le mois d'octobre suivant, je constatai un matin que mon maïs Nicaragua était en proie à une formidable invasion de charançons et menacé d'une destruction complète.

J'employai, pour combattre le mal, un moyen héroïque. Je mis dans un grand vase en terre trente litres de la graine attaquée (c'était à peu près tout ce qui me restait) et je plaçai sur cette graine un verre rempli de sulfure de carbone qui ne tarda pas à se volatiliser en partie et à prendre, en vertu de son poids, la place que l'air occupait dans le grain.

Au bout de quarante-huit heures, la destruction était complète ! Plus un seul charançon, plus une seule larve en vie ! Je me félicitais de ce merveilleux et rapide succès. Mais quelques semaines plus tard, j'eus l'idée de vouloir m'assurer si mon maïs ainsi traité avait conservé toutes ses facultés germinatives; ici revers de la médaille, déception complète ! Je n'obtins qu'une seule germination sur vingt grains semés, tandis que le même maïs non soumis à l'action du sulfocarbure me donnait dix-neuf levées sur vingt grains, exactement le rapport inverse.

Je recommençai plusieurs fois l'expérience et le résultat fut toujours le même.

Je me disposais à envoyer au Nicaragua une certaine quantité de sulfure de carbone pour combattre les charançons dans la nouvelle expédition du maïs que je demandais. J'eus heureusement le temps d'en empêcher le départ, retardé d'ailleurs par les mesures de précaution à prendre pour le voyage de cette substance, considérée comme pouvant offrir quelque danger.

Quant à mon maïs perdu comme semence, je le fis exposer à l'air pendant quelques jours et le fis manger à mes volailles sans qu'il en résultât pour elles le moindre inconvénient.

Existe-t-il un moyen de préserver des charançons les maïs du Nicaragua, sans en détruire les facultés germinatives ? Faire le vide dans les récipients qui les contiendraient ou y maintenir une température très-basse, inférieure à zéro, peut-être trouverait-t-on là une solution du problème. Avis aux hommes d'initiative qui s'occupent des questions utiles !

Le charançon une fois détruit, peut-être pourrait-on se passer, pour apporter les grains de semence en Europe, des voies rapides, toujours si coûteuses, et se contenter de la navigation à voiles, bien plus économique ?

D'autre part, l'ouverture de communications nouvelles qui permettraient au maïs cultivé dans le centre du Nicaragua de venir s'embarquer sur l'Atlantique, au lieu d'aller chercher sur le Pacifique des navires qui exigent un transbordement coûteux pour le passage en chemin de fer de l'isthme de Panama, préoccupe vivement les Américains.

A coup sûr, avec la réalisation de ces deux progrès,

le maïs du Nicaragua nous coûterait 30 francs à peine par quintal métrique, et dans ces conditions il pourrait nous rendre d'immenses services. C'est une question de temps; il faut savoir attendre!

J'ai semé en 1877, pour la première fois, deux cents kilogrammes de maïs dit mexicain, fournis par la maison Decker et Mot de Paris. Ce maïs était parfaitement conditionné et la levée en a été fort belle.

Enfin j'ai fait le surplus de mes semailles avec le maïs d'Algérie qui m'était resté de l'année précédente.

Tous ces maïs sont en pleine croissance, mais trop peu développés encore pour qu'on puisse les apprécier définitivement (j'écris ces lignes le 10 août).

Je n'ai pas semé en 1876 de maïs Dent de cheval. Ce maïs offre pourtant un avantage sérieux; ses rendements sont moins élevés, mais on l'achète à un prix comparativement bas et l'on peut s'en procurer à peu près partout.

Je reviens au maïs du Nicaragua, c'est-à-dire au véritable Caragua.

III

Préférence à donner aux grands maïs de l'Amérique centrale sur les maïs indigènes.

Je n'hésite pas à proclamer de nouveau la supériorité des grands maïs sur les petits, comme je l'ai fait maintes fois déjà, et j'engage les agriculteurs à leur donner la préférence toutes les fois que leurs terrains ont une puissance suffisante pour les mener à bonne fin.

A part la question de rendement qui est la principale, quoi qu'on puisse dire, il en est une autre très-importante qui a été résolue dans la dernière campagne.

Pendant les longues sécheresses de l'été de 1876, les

maïs de toutes provenances ont horriblement souffert à Burtin, comme partout. Pendant plusieurs semaines, je les avais même considérés comme perdus ; mais lorsque survinrent les pluies du milieu d'août, les maïs d'Amérique se remirent à verdir et à croître d'une manière inespérée ; le maïs quarantin au contraire était mort et bien mort.

J'en conclus que les grands maïs d'Amérique possèdent une puissance de résistance à la sécheresse, bien supérieure à celle de nos maïs d'Europe ; c'est là un avantage de la plus haute importance dont il convient de leur tenir grand compte.

Dans quelle proportion les grands maïs épuisent-ils le sol ?

Un praticien d'une certaine valeur me disait un jour : Je préfère les petits maïs aux grands, parce que j'ai remarqué qu'ils épuisaient moins mes terres.

— Oui, vous avez parfaitement raison, lui répondis-je, les grands maïs épuisent beaucoup plus la terre que les petits maïs !

Ainsi (chez moi du moins) le rapport du rendement entre le petit et le grand maïs étant, en poids, comme un est à quatre, il est de la dernière évidence que le grand maïs a puisé dans le sol quatre fois plus d'éléments que le petit.

Mais est-ce là un motif pour que je renonce à la culture des grands maïs ? Evidemment non ! et j'espère vous le démontrer.

Je suppose que nous ayons besoin, l'un et l'autre,

de cent mille kilogrammes de maïs pour nourrir nos bestiaux. Afin de les obtenir, je plante un hectare, et vous, vous en plantez quatre.

Vous avez quatre fois plus de labours, quatre fois plus de binages, quatre fois plus de fauchage, quatre fois plus de frais de semences et de loyer du sol que moi.

J'admets que vous pourrez fumer un peu moins, mais cela n'empêchera pas que, tous comptes faits, vos cent mille kilogrammes de maïs vous coûteront deux fois plus cher au moins qu'à moi.

Vous aurez ménagé votre terre, cela est évident ; mais la question est de savoir si ces ménagements sont d'une saine économie rurale ?

Comptez-vous donc pour rien les ressources nouvelles que les engrais dits commerciaux mettent à la disposition de l'agriculture, pour compenser les emprunts faits à votre sol ?

Perdez-vous entièrement de vue que, quand il s'agit d'une récolte de maïs destinée à être consommée par vos bestiaux, presque tous les éléments empruntés au sol y retournent par les fumiers ?

Ne comprenez-vous pas que les maïs de grand rendement vous permettent de doubler, de tripler même le nombre des bestiaux nourris par une surface donnée et, par suite, de doubler, de tripler vos fumures, ce qui fera disparaître le danger d'épuisement qui vous préoccupe, en maintenant un équilibre convenable entre les emprunts et les restitutions faits à votre sol ?

Je suis loin de prétendre que tous les terrains soient propres à une culture avantageuse des maïs. Il y a certaines conditions indispensables d'état physique, hygrométrique et chimique du sol dont l'absence peut rendre impossible la culture lucrative de ces fourrages ; mais dans bien des cas il suffira d'exagérer, pour les deux premières récoltes, les façons et les engrais, pour arriver aux grands produits qui donneront en quelque sorte le branle à vos nouvelles cultures fourragères et feront le point de départ d'une transformation des plus heureuses.

C'est ainsi qu'en mécanique une machine, bien conditionnée du reste, hésite d'abord et ne se met en marche qu'avec l'aide d'un effort extérieur ; il faut vaincre au début la force d'inertie.

A Burtin, mon sol (je le constate tous les jours par des comparaisons que je suis à même d'établir) possède des qualités exceptionnelles pour la culture des grands maïs, mais je n'en tire tout le parti possible que depuis quatre ans, c'est-à-dire depuis le jour où mes ensilages ont commencé à me donner des produits satisfaisants au point de vue d'une bonne conservation.

Je dois, du reste, ne pas hésiter à reconnaître que, il y a quatre ans, mes procédés laissaient encore beaucoup à désirer et que dans ces deux dernières années j'ai réalisé plus de progrès que je n'en avais obtenu pendant les vingt années précédentes. Les grandes quantités de maïs que l'extension de cette culture et mes procédés perfectionnés mettent toute l'année à ma disposition m'ont d'abord permis de doubler le nombre de mes bestiaux ; puis chaque animal qui, antérieurement, produisait à Burtin 13,000 à 14,000 kilogrammes de fumier, en a produit quand il a été mieux nourri près de 20,000 kilogrammes.

Vous voyez que si mes maïs exigent des fumures abondantes, ils savent les produire en quantités bien plus que suffisantes, et qu'ils vont même, sous ce rapport, au delà des exigences les plus exagérées. Ainsi je fume, pour une première récolte de maïs, à raison de 30,000 à 35,000 kilogrammes de fumier par hectare ; j'y ajoute un mélange composé de 100 kilogrammes de sulfate d'ammoniaque et de 300 kilogrammes de phosphate de chaux.

Cette fumure suffit largement pour deux récoltes de maïs consécutives, en ce qui concerne le fumier de ferme, mais pour la seconde je répands de nouveau 400 kilogrammes du même mélange. La troisième année me donne d'ordinaire, sans addition d'engrais nouveaux, une bonne récolte de céréales.

En somme, un hectare de maïs bien réussi me met à même de produire plus de 50,000 kilogrammes de fumiers et en absorbe à peine le tiers.

Il faut, d'ailleurs, ajouter que chaque semaine je fais répandre sur mes fumiers cent kilogrammes de phosphate. Cette pratique donne d'excellents résultats, surtout en Sologne, où nos terres naturellement très-pauvres en acide phosphorique demandent qu'on le leur fournisse sous toutes les formes possibles; c'est du reste ici une question de composition particulière du sol.

Le plus sérieux avantage dont jouisse l'exploitation de Burtin c'est celui de pouvoir se procurer, sans autres frais que ceux de récolte, une quantité illimitée de roseaux et d'aiguilles de pin qui servent comme litières aux bestiaux. Il en résulte une faculté précieuse, celle de pouvoir réduire de beaucoup la proportion des cultures destinées, dans les autres fermes, à la production des pailles dont elles ne peuvent se passer.

Des prophètes de malheur m'avaient prédit, il y a quatre ans, que je perdrais mes étables si je continuais à les nourrir à peu près exclusivement de maïs pendant toute l'année. J'ai continué et tous mes bestiaux n'ont jamais cessé de jouir d'une excellente santé, sans qu'il s'y soit jamais produit l'ombre d'une maladie.

L'une des plus précieuses propriétés dont jouisse le maïs, c'est de pouvoir presque indéfiniment se succéder à lui-même.

L'un de mes plus beaux maïs de cette année occupe une terre qui, depuis 18 ans, a porté 14 récoltes de cette graminée sans avoir jusqu'à ce jour donné aucun signe de lassitude; au contraire, les dernières récoltes l'emportent sur les premières.

Toute la question est de donner à la terre des fumures convenables, restituant chaque année l'équivalent de ce qu'on lui enlève.

La potasse est la dominante du maïs. Les animaux qui consomment le maïs en assimilent fort peu et les fumiers restituent au sol la presque totalité de ce que la récolte lui avait enlevé.

Une plante fort cultivée en Sologne, le chanvre, possède aussi comme le maïs la propriété de s'éterniser en quelque sorte sur le même champ. Chaque ferme a sa chenevière qui, pendant des siècles, occupe le même point du domaine.

IV

Terrains propres à la culture des maïs.

Les terrains qui conviennent le mieux à la culture des maïs sont les terres de consistance moyenne, plutôt légères que fortes, fraîches sans être humides, riches en humus et par suite d'apparence un peu noirâtre. Il est remarquable que notre pauvre Sologne possède en abondance ce type de terrain, comme si le ciel avait voulu lui donner ainsi une espèce de compensation à toutes ses autres infériorités.

Les terres fortes sont également susceptibles de produire de très-beaux maïs, mais elles exigent beaucoup plus de travail, car il faut les amener à un état de division extrême, sous peine de compromettre la levée toujours difficile dans les terres restées compactes.

On peut affirmer qu'en général le maïs réussira toujours là où réussit la betterave, avec les conditions de fumure et de façons qui assurent le succès de cette dernière plante. Mais le maïs ne peut avoir la prétention de lutter avec avantage contre une pareille rivale, surtout dans les riches contrées qui lui appartiennent depuis longtemps comme plante industrielle et fourragère. Là le maïs pourra tout au plus se faire une place modeste comme moyen de varier un peu la nourriture des animaux.

Il n'en sera pas de même des contrées si étendues où, par suite des chaleurs excessives comme dans le midi de la France et l'Algérie, la betterave ne réussit pas, ou des contrées analogues à la Sologne dans lesquelles, pour d'autres causes peu connues, la betterave réussit mal. Là le maïs rendra d'immenses services. Conservé par l'ensilage, il assurera en tous temps aux animaux une alimentation suffisante, au lieu de ces alternatives d'abondance et de disette qui ont souvent de si funestes résultats.

V

Mode de culture des maïs.

Autrefois je plantais mes maïs sur des billons, c'est-à-dire d'après le mode de culture qui a été, pendant longtemps, exclusivement usité dans les terres de la Sologne.

Le billon, dans les terres peu profondes, peu défoncées, est un excellent système pour protéger les ensemencements d'automne contre l'excès d'humidité, si redoutable en hiver.

Mais lorsqu'il s'agit de cultures de printemps, de maïs en particulier, il faut renoncer au billon d'une manière absolue et le remplacer par des planches plus ou moins larges. Ces dernières se défendent mieux que le billon contre les sécheresses estivales, en se prêtant beaucoup moins à l'évaporation.

Un autre motif des plus sérieux plaide également en faveur des planches. Bien comprimées par un rouleau puissant, elles protégent plus efficacement que le billon la semence de maïs contre l'un des fléaux les plus redoutés de cette culture. En effet, au moment où la petite tige fait son apparition hors de terre, les oiseaux viennent en foule pour l'arracher afin de manger le grain qui y est adhérent et sort du sol avec elle, surtout quand ce sol est léger comme il l'est communément en Sologne.

J'ai perdu, à plusieurs reprises, un tiers et quelque fois moitié de mes maïs, dévorés ainsi à leur naissance par les corbeaux, les pies, les tourterelles, les ramiers qui pullulent dans nos plaines coupées de bois.

Un roulage très-énergique de mes planches au moyen d'un lourd rouleau en pierre, est un préservatif très-efficace contre le danger que je viens de signaler.

Lorsque nos terres ont été fortement tassées, comprimées par le rouleau, l'oiseau qui arrache la tigelle du maïs la voit se briser rez de terre, sans être suivie par la graine qui a seule pour lui quelque valeur.

Déçu dès lors dans son espoir, l'oiseau renonce bien vite à un travail ingrat qui lui refuse le salaire sur lequel il avait compté.

Du reste, à bien d'autres points de vue, le rouleau a été un véritable instrument de salut pour nos terres légères. Il raffermit nos plantes, dans un sol toujours disposé à se soulever, et il a sauvé vingt fois mes cultures compromises par le déchaussement.

VI.

Les Semailles.

L'emploi du semoir ordinaire est le moyen le plus sûr et le moins coûteux. Il économise la semence, qui coûte souvent fort cher, et il donne des lignes dont l'espacement et la régularité rendent les binages très-faciles.

A défaut de semoir, j'ai obtenu de très-bons résultats en faisant répandre la semence. à la main, par des femmes qui suivent le laboureur et n'ensemencent qu'une raie sur deux. J'obtenais ainsi des lignes plus larges, mais régulièrement espacées et se prêtant bien aux binages.

Malheureusement je n'ai plus à me préoccuper de cette dernière opération. Les bras me font complétement défaut pour l'effectuer, et je n'ai pas de laboureur assez habile pour y suppléer par des chevaux; les rendements en fourrages en seront certainement amoindris.

J'ai éprouvé au printemps de 1877 les plus grandes difficultés pour la préparation des terres de ma vallée. Tassées, plombées par des pluies incessantes, elles n'ont pu recevoir que des façons tardives et insuffisantes dont la récolte aura probablement à souffrir. J'ai été forcé de les ensemencer à la volée, en forçant les quantités, pour faire la part de la mauvaise préparation du sol.

J'ai semé ainsi, à la volée.	100	kilogrammes à l'hectare.
Quand je fais semer, à la main sous raie, j'emploie.	60	—
Au semoir, il suffit de.....	50	—

Il ne faut pas trop ménager la semence. Les semis épais donnent des tiges moins élevées que les semis clairs ; mais au point de vue du rendement, le plus grand nombre de tiges compense, dans le premier cas, l'infériorité de hauteur. Il y d'ailleurs tout lieu de croire que les tiges minces sont plus assimilables et plus riches en principes alibiles que les tiges très-développées.

Il faut, autant que possible, éviter de semer le maïs dans le voisinage des haies et surtout des arbres à hautes tiges.

Tel arbre à racines traçantes, en desséchant le sol autour de lui, vous fera perdre 500 kilogrammes et plus de maïs.

L'arbre, en pareil cas, a trois manières de nuire : il dessèche le sol, il absorbe à son profit les engrais destinés aux plantes, et il intercepte une partie de la lumière et de la chaleur solaires, dont le maïs est plus avide que tout autre végétal.

VII

Rendement des grands maïs.

Grâce aux soins de culture qui viennent d'être indiqués, j'obtiens de mes grands maïs des rendements énormes. En voici, pour les quatre dernières années, les chiffres que j'extrais des registres de ma comptabilité:

En 1873, sur	1	hectare et	quelques	ares, j'ai obtenu :	
				150,000 kilogr.	de maïs.
En 1874	2	—	—	225,000	—
En 1875	4	—	—	450,000	—
En 1876	7	—	—	600,000	—
En 1877 sur	10	hectares	environ		
au moins				800,000	—

Cette évaluation sera, à coup sûr, atteinte en 1877, sinon dépassée; mes maïs ont pris un grand développement dans les dernières semaines de septembre.

C'est un rendement minimum de 75,000 kilogrammes par hectare ; il s'est élevé en 1875 à un maximum de 150,000 kilogrammes sur un champ de 36 ares. Le rendement moyen a été, pendant les cinq années, de 90,000 kilogrammes environ par hectare.

Ces chiffres pourraient se passer de commentaires.

Il est bon toutefois de faire observer que mes premières récoltes, obtenues sur des espaces très-restreints, en terrain de premier choix, et avec des soins réservés d'ordinaire aux cultures potagères, sont destinées à baisser sensiblement, aujourd'hui qu'elles prennent une grande extension et se font dans les conditions des cultures ordinaires. Je m'estimerai très-heureux si je maintiens, dans ces conditions nouvelles, un rendement moyen de 80,000 kilogrammes par hectare.

Cet amoindrissement de la production sera dans une certaine mesure compensé par une réduction de dépenses, celle par exemple relative aux binages devenus impossibles.

VIII

Valeur alimentaire des maïs.

C'est à l'expérience seule à résoudre la question de la valeur alimentaire du maïs; ce que je puis affirmer, c'est que chez moi, à Burtin, avec le mode de préparation que je pratique, le maïs additionné, pour un dixième de son poids, de paille d'avoine, entretient mes animaux en parfait état. Les choses, je le sais, ne se passent pas partout de même. Pour bien préciser l'état de la question à cet égard, je copie littéralement une page de la chronique de M. J.-A. Barral dans le *Journal de l'Agriculture* du 27 janvier 1877 :

« Dans notre dernière chronique (page 82), dit-il en réponse à une affirmation tranchante, consistant à dire que le maïs n'est pas un aliment complet, nous avons affirmé que M. Goffart avait nourri et engraissé plusieurs centaines de vaches exclusivement avec du maïs. A ce sujet, nous avons reçu d'un de nos lecteurs la lettre suivante :

« Le Mans, 21 janvier 1877.

« Monsieur le directeur, dans votre numéro de ce jour, 20 janvier, vous dites, page 82, que M. Goffart a nourri et *engraissé* plusieurs centaines de vaches *exclusivement* avec du maïs.

« Je suis trop modeste et trop infime cultivateur pour venir contester ici cette déclaration; mais enfin permettez-moi de vous dire ceci. J'ai fait de l'ensilage de maïs, et de mon expérience il résulte très-absolument pour moi que la nourriture au maïs pur n'est pas suffisante pour engraisser des vaches, qui, soumises à ce régime, ont besoin d'un supplément de nourriture plus succulente.

« Préoccupé justement de me procurer ce supplément, je me suis laissé dire que le maïs en grain égrugé, même acheté à Paris, était relativement bon marché, 15 fr. 50 c. par 100 kilogrammes, et je méditais de m'adresser à vous pour avoir un nom et une adresse, lorsque votre numéro du 20 est venu donner à mon projet de lettre une actualité toute spéciale.

« Agréez, etc.

« Cl. Girard »

« Nous nous somme empressé d'envoyer cette lettre à M. Goffart, qui nous a fait parvenir aussitôt les explications qui suivent :

« Mon cher directeur, je vous remercie de m'avoir communiqué la lettre de M. Girard. L'expression *engraissé* pourrait, en effet, être mal interprétée. Ce serait, je l'avoue, aller trop loin que d'attribuer au maïs seul la faculté de faire des bêtes fines grasses, surtout si l'on entend par là des bestiaux de concours ou même de boucherie de classe élevée.

« Le maïs pur donne et conserve à mes bestiaux un excellent état d'entretien. Les vaches qui ne nourrissent pas de veau ou ont passé le temps de la lactation prennent bien vite un état tel qu'elles conviennent parfaitement à nos boucheries de campagne, moins exigeantes que celles des villes. A ce point de vue, vous n'avez pas dépassé l'expression de l'exacte vérité. Mais, pour aller à l'engraissement complet, il faut, comme cela se fait partout, ajouter d'autres aliments à la ration ordinaire, ainsi que cela a lieu, par exemple, pour l'alimentation avec la pulpe de betterave.

« Du reste, je fais depuis un mois et pour la première fois, à Burtin, un essai d'engraissement complet au moyen de mon maïs ensilé, additionné au début de 4 kilogrammes de tourteau de palmiste par ration journalière. Les cinq bêtes soumises à ce régime engraissent avec une rapidité surprenante.

« En ce moment, 73 bêtes à cornes vivent de maïs et de paille sur mes fermes de Burtin et de Gouillon. Je ne puis qu'engager les cultivateurs à aller étudier la question sur place; ils savent que les étables de Burtin sont toujours ouvertes aux visiteurs agricoles; mon seul regret en ce moment serait de n'être pas là pour les recevoir moi-même, mais mon régisseur me suppléera de son mieux; il a pour cela mes instructions les plus formelles.

« Maintenant, en ce qui concerne la puissance nutritive absolue du maïs, je ne puis répéter qu'une chose que j'ai dite et redite cent fois. Le maïs mal ensilé nourrit mal les animaux et peut même devenir un poison pour eux.

« Je disais à ce sujet, le 12 janvier 1876, dans une

réunion de cultivateurs: « Qu'on ne perde pas de vue « surtout qu'il y a dans la conservation des matières « ensilées des degrés infinis auxquels correspondent « les valeurs nutritives les plus différentes; l'état de « division de ces matières, les modifications chimiques « qu'elles ont subies peuvent en faire varier du simple « au double la puissance alimentaire. »

« Je saisis cette occasion pour reproduire les lignes qui précèdent, parce qu'elles répondent à de trop nombreuses communications qui me sont faites chaque jour.

« Je ne puis faire entrer le maïs que pour moitié dans mes rations, me dit l'un, autrement mes bestiaux dépérissent. — Un tiers, me dit un autre, c'est le maximum de maïs que mes bestiaux puissent supporter dans leurs rations. » Un autre prétend même qu'un quart est à peine supportable. Mon Dieu, messieurs, faites de bons en silages et tout changera chez vous comme chez moi; les ensilages de mes premiers essais ne valaient pas mieux que les vôtres; petit à petit j'ai mieux ensilé et mieux nourri par cela même; toute la question est là[1] ! »

Maintenant le maïs est-il par lui même une nourriture riche? Évidemment non; en dehors des analyses plus ou moins exactes qu'on a publiées, un fait sans réplique prouve son peu de richesse en principes

[1] Mon parent et ami bien regretté Louis Pilat, qui a tenu pendant tant d'années le premier rang dans l'art d'engraisser le mouton, pressé par moi de me divulguer le secret que je lui supposais, me répondit toujours : Mon secret? Mais je n'en ai pas. Décider les animaux à manger beaucoup par le bon choix, la variété et le bon apprêt des aliments, voilà mon secret, puisqu'on veut absolument que j'en aie un. Question de cuisine, et pas autre chose.

nutritifs, c'est la quantité considérable que les bestiaux en absorbent pour se maintenir en bon état,

Ce fait je l'ai reconnu et publié vingt fois. Mais en somme c'est une question de quantité plus ou moins grande à faire consommer par les animaux. Il ne viendra à l'idée de personne de prétendre qu'un kilogramme de maïs puisse remplacer un kilogramme de luzerne, de trèfle ou de sainfoin ; mais cela n'empêche pas qu'en suppléant par la quantité à ce qui manque du côté de la puissance nutritive, on arrive à entretenir ses bestiaux par le maïs aussi bien que par les foins les plus riches.

La question est de comparer la valeur vénale ou plutôt le prix de revient des deux fourrages et de s'assurer si le maïs en quantité double ou même triple ne coûte pas moins cher que les produits qu'il remplace. Pour moi, l'affirmative n'est pas douteuse.

La question se simplifie encore quand il s'agit de contrées trop nombreuses qui, comme la Sologne, produisent de bonnes récoltes de maïs, mais sont rebelles aux cultures de fourrages très-riches, luzerne, sainfoin, etc. Là le cultivateur n'a pas à choisir, il n'a qu'à profiter des bienfaits du maïs ; l'embarras du choix lui est épargné.

Un point important qu'une longue pratique a mis pour moi hors de doute, c'est que le maïs même vert nourrit mieux, à poids égal, quand il est haché menu que quand il est donné entier et que sa puissance nutritive s'accroît encore lorsqu'il a été attendri par un séjour de quelques semaines dans le silo, puis soumis à un léger commencement de fermentation alcoolique qu'on fait naître quelques heures avant de le servir aux animaux.

Maintenant il s'agirait de savoir si, dans bien des cas, il n'y aurait pas avantage à ajouter aux rations de maïs une certaine quantité d'aliments plus riches, tels que tourteaux, farineux, etc. Cette question se posait en quelque sorte d'elle-même. Elle m'a sérieusement préoccupé et dès l'hiver de 1876-77 j'ai commencé, à ce sujet, des expériences que je vais continuer.

Mais avant d'aller au delà, j'ai voulu demander au maïs son dernier mot, et je crois l'avoir obtenu en ce qui concerne les bestiaux de Sologne. Pour eux, il constitue une nourriture parfaitement suffisante, additionné, comme il l'est à Burtin, d'un dixième de son poids de paille d'avoine.

Comment, après cela, se comportera-t-il avec des races plus avancées, plus exigeantes ? Peut-être faudra-t-il renoncer pour elles au régime du maïs pur, sous peine de les voir s'amoindrir, comme cela paraîtrait résulter de l'expérience que j'ai faite cet hiver sur douze jeunes bêtes hollandaises. Il ne faudrait pas, toutefois, se hâter de conclure; les jeunes bêtes en question ont en effet souffert dans les premiers mois de leur séjour en Sologne, mais n'était-ce pas un tribut qu'elles payaient à l'acclimatation? Depuis trois mois leur état s'est sensiblement amélioré et il est excellent aujourd'hui. D'ailleurs dans mes étables où le régime était le même pour tous mes bestiaux, j'ai depuis longtemps quelques vaches mancelles, normandes et une vieille hollandaise; et ce ne sont pas celles qui profitent le moins du régime du maïs.

Voici le résumé de l'expérience que j'ai faite sur des génisses de race hollandaise :

J'avais fait acheter par un commissionnaire, vers la fin de novembre, douze jeunes génisses de la race hollandaise, à la foire de Malines (Belgique). Ces jeunes bêtes, âgées de 6 à 10 mois, pesaient à leur arrivée chez moi, le 25 novembre, à elles douze, 2,207 kilogrammes, soit une moyenne de 184 kilogrammes par tête. Elles me coûtaient, achat, commission, transport jusqu'à la gare de Nouan-le-Fuselier compris, 1,861 fr. 80, soit 155 fr. 15 par bête ou environ 85 centimes par kilogramme sur pied.

Ce prix n'a rien d'excessif et très-probablement de jeunes bêtes achetées dans mon voisinage m'auraient coûté au moins aussi cher, quoique n'ayant pas à supporter les frais de transport et les droits d'entrée en France. Les bestiaux de cette catégorie étaient, lorsque je les ai fait acheter, à un prix très-bas en Belgique, à cause de la rareté des fourrages.

Quant aux frais de transport, ils sont très-peu élevés lorsqu'ils se font par wagons complets pouvant contenir 30 jeunes bêtes. Le prix de transport, pour les douze que j'ai reçues, n'a été que de 10 francs et quelques centimes par bête ; elles avaient voyagé avec dix-huit autres génisses destinées à un fermier du val de la Loire.

Pesées au jour de leur arrivée à Burtin (25 novembre 1876), leur poids total avait été trouvé de 2,207 kilogrammes. Pesées de nouveau le 28 avril 1877, elles pesaient 2,951 kilogrammes. Différence ou accroissement, 504 kilogrammes, que j'estime au prix de 80 centimes le kilogramme, soit 403 fr. 20 obtenus en 153 jours, période pendant laquelle ces douze jeunes bêtes ont vécu exclusivement de maïs ensilé.

Leur poids vif, *moyen*, pendant cette période, se compose naturellement du poids initial trouvé au jour de la première pesée, soit 2,207 kilogrammes, augmenté de la moitié de la différence entre les deux pesées, soit 252 kilogrammes. Il a donc été, pendant les 153 jours ci-dessus, de 2,459 kilogrammes. Maintenant si je suppose, et ma supposition se rapproche certainement beaucoup de la vérité, que 100 kilogrammes de poids vif absorbent 6 kilogr. 500 de maïs ensilé par jour, mes douze jeunes bêtes ont dû consommer journellement 159 kilogr. 835, et pendant les 153 jours de l'expérience 24,454 kilogr. 755.

Ces 153 journées multipliées par 12, nombre des jeunes bêtes, donnent 1,275 rations journalières, lesquelles ont produit l'accroissement de poids, signalé plus haut, de 504 kilogrammes.

Il en résulte que l'accroissement de poids moyen, par jour et par tête, n'a été que de 253 grammes, ce qui est, à coup sûr, fort peu, car à ce compte l'accroissement moyen par année et par tête ne serait que de 92 kilogr. 345, tandis qu'à Burtin même cet accroissement dépasse presque toujours 130 kilogrammes.

Il en résulte encore que, les 24,554 kilogrammes de maïs consommés n'ayant produit que 504 kilogrammes de viande, un kilogramme a été produit par 48 kilogr. 500 de maïs. Enfin, si l'on estime le maïs à 20 francs les 1,000 kilogrammes et à 80 centimes le kilogramme de viande produit, il en ressort que le kilogramme de viande, qu'on ne peut estimer plus de 80 centimes, a exigé en maïs une dépense de 97 centimes, ce qui établirait une perte de 17 centimes par kilogramme de viande produit.

L'écart d'une jeune bête à l'autre dans l'accroissement de poids produit pendant ces 153 jours est souvent considérable.

Ainsi *Lafurette*, dont le poids à l'arrivée était de 172 kilogrammes seulement, pesait au 28 avril 1877 230 kilogrammes ; elle avait réalisé un acccroissement de poids de 58 kilogrammes.

Léoparde, dont le poids initial était de 182 kilogrammes, ne pesait le 28 avril que 200 kilogrammes; elle avait augmenté de 18 kilogrammes seulement.

Les agriculteurs ont souvent à constater de pareilles anomalies.

En résumé, le maïs ensilé m'est payé 17 francs par les jeunes bêtes en question. Il convient de dire toutefois que, si ces jeunes bêtes n'ontpas gagné autant qu'elles auraient pu le faire, il faut l'attribuer à plusieurs causes. Elles venaient, au début de l'expérience, d'exécuter un voyage long et fatigant ; elles ont hésité pendant plusieurs jours à manger le maïs, qui était pour elles une nourriture nouvelle. Enfin, le changement de climat produisit sur elles une affection des yeux qui ne dura pas moins d'un mois et dut exercer une influence fâcheuse sur leur croissance.

Toutes ces circonstances ont certainement contribué à rendre la consommation du maïs moins fructueuse qu'elle n'aurait pu l'être. J'estime que, avec de jeunes bêtes acclimatées, l'accroissement de poids eût été d'un quart plus élevé avec la même dépense de maïs, qui eût alors été payé 20 francs environ par 1,000 kilogrammes. Je considère ce prix comme à peu près normal et je l'adopte comme point de départ lorsque je veux me rendre compte de mes opérations agricoles.

L'engraissement par le maïs ensilé additionné de tourteau d'arachide m'a donné d'excellents résultats. Les voici tels que je les ai déjà présentés dans le *Journal de l'Agriculture*, de M. Barral, du 21 avril 1877:

J'ai mis à l'engrais cet hiver huit bêtes de mes étables dont je voulais me défaire pour cause de vieillesse, stérilité, mauvaise conformation, défaut de taille ou méchanceté dangereuse. En voici le détail :

Noms des animaux.	Poids au jour de la mise à l'engrais.	Poids après l'engraissement.	Durée de l'engraissement.
	kilogr.	kilogr.	journées.
La Hanchée.....	550	595	50
La Malcornée....	410	443	50
La Lionne.......	433	480	50
La Blonde.......	360	384	50
Mouton..........	583	670	90
Durham.........	423	496	90
Blondine........	430	478	28
La Brune........	360	450	55
TOTAUX.....	3,549	3,996	463
Moyennes...	443.500	499.500	

La valeur du kilogramme sur pied, avant l'engraissement, était (mercuriale de Romorantin) de 55 centimes, soit 1,951 fr. 95 c. pour les huit bêtes pesant 3,549 kilogrammes. Elles ont été vendues 70 centimes le kilogramme; soit pour 3,996 kilogrammes, 2,797 fr. 20 c. Il y a donc eu une augmentation de poids de 447 kilogrammes, et de 845 fr. 25 c. dans leur valeur.

Ces animaux avaient consommé, pendant ces 463 journées d'engraissement:

2,935 kilogrammes de tourteau de palmiste m'ayant coûté, à raison de 10 centimes le kilogrammes (1)............................	293 fr. 50 c.
Plus 12,063 kilogrammes de maïs ensilé qui ressortent au prix de 45 fr. 73 c. par 1,000 kilogrammes, soit de ce chef......................	551 75
TOTAL..............................	845 fr. 25 c.

La moyenne de la ration de maïs a été calculée sur le pied de 26 kilogrammes par tête.

1 L'addition de tourteaux à la ration de maïs, qui n'était, au début de l'engraissement, que de 4 kilogrammes à peine, s'est élevée successivement et a fini par atteindre une moyenne de 6 kilogrammes 500 environ par journée et par tête.

Ainsi 8 bêtes que j'aurais vendues difficilement 55 centimes le kilogramme sur pied avant l'engraissement, se sont vendues à raison de 70 centimes le kilogramme après l'engraissement et ont réalisé ainsi une plus-value de 845 fr. 25.

On peut donc considérer le maïs consommé comme ayant été payé sur le pied de 45 francs environ par 1,000 kilogrammes, ce qui est, à coup sûr, un prix fort élevé, supérieur à celui qu'on obtient par la production du lait, la croissance des jeunes bêtes ou les autres produits des étables. Je n'ai rien porté pour les soins donnés aux animaux à l'engrais, parce que je considère cette dépense comme plus que compensée par la production du fumier.

Le maïs ensilé est à coup sûr un excellent auxiliaire dans l'engraissement des animaux; il a le mérite d'exciter au plus haut point leur appétit et de les déterminer à manger, à haute dose, le tourteau de palmiste qui leur répugnerait plus ou moins, surtout au début, si on le leur présentait seul sans l'avoir mélangé au maïs qui a tant d'attrait pour eux.

Enfin, j'ai fait une troisième expérience que je n'ai pas publiée parce qu'elle est toute récente; on pourrait l'intituler : *Valeur nutritive du maïs ensilé au point de vue de l'accroissement des jeunes veaux allaités.* Une de mes vaches dite *la Châtaigne*, qui pour le poids et la production de lait représente à peu près la moyenne de mes étables, vêla au mois de mai 1877. Le poids de son veau, pesé le jour de

sa naissance, était de . . . . . 31 kilogrammes,
Vendu au boucher 61 jours après,
le poids constaté fut. . . . . . 112 kilogrammes.

Il avait par conséquent augmenté de poids, dans ces 61 jours, de 81 kilogrammes, soit de 1,327 grammes par jour. Je vends mes veaux sur pied 1 franc le kilogramme poids brut, c'est donc une plus-value de 81 francs que le veau en question avait réalisée.

Pendant l'allaitement, la mère, nourrie exclusivement de maïs ensilé, en avait consommé 2,135 kilogrammes; or, 2,135 kilogrammes de maïs, produisant 81 francs, se trouvent payés à raison de 40 francs environ les 1,000 kilogrammes.

Je n'ose pas toutefois garantir l'exactitude rigoureuse des déductions que je viens d'exposer. L'accroissement du poids du jeune veau est-il dû exclusivement au maïs consommé par la mère? Il me reste quelque doute à cet égard. Souvent la nourrice maigrit pendant l'allaitement; il faudrait, dans ce cas, déduire du poids acquis par le veau celui que la mère aurait perdu.

Enfin, sous toutes les réserves que j'ai indiquées, l'engraissement des bestiaux m'aurait payé le maïs sur le pied de. . . . . . . 45 fr. les 1,000 kilogr.
L'allaitement des veaux
l'aurait payé . . . . 40 fr. —
et l'élève des jeunes bêtes
seulement . . . . 17 fr. —

De nombreuses expériences seront nécessaires

encore pour bien fixer ces questions ; j'ai voulu tout simplement les indiquer et les mettre en quelque sorte à l'ordre du jour avant de les recommencer moi-même. Plus ces expériences seront nombreuses et exécutées sur des points différents, plus elles seront concluantes.

Mon intention est d'ajouter à chaque ration journalière de maïs, pour un lot de jeunes bêtes élevées à part, 2 kilogrammes de tourteau d'arachide. Je verrai si le surcroît de dépense de 15 à 20 centimes, qui en résultera, par jour et par tête, sera compensé par une plus-value suffisante des animaux soumis à ce régime.

D'après les données ci-dessus, l'engraissement serait le moyen le plus favorable d'utiliser les maïs ensilés. La méthode la moins favorable consisterait à le faire consommer par de jeunes bêtes en voie de croissance.

En ce qui concerne l'engraissement, ces conclusions me paraissent hors de doute. C'est là que le maïs trouvera son mode d'emploi le plus fructueux, parce que l'attrait qu'il a pour le bétail décidera celui-ci à consommer en même temps certaines matières très-riches, telles que le tourteau d'arachide et autres, dont le goût lui inspire une vive répugnance lorsqu'elles lui sont présentées seules.

Les avantages que nous venons d'énumérer ne sont pas les seuls que présente la culture des grands maïs.

Ces plantes à larges et nombreuses feuilles, dont la végétation est si puissante, exercent sur la salubrité de la contrée où on les cultive la plus heureuse influence.

Elles absorbent les miasmes qui se dégagent du sol, surtout au moment toujours critique dans certains pays où les récoltes des grains et fourrages viennent d'être enlevées. Les grands maïs, en pleine végétation à cette époque, remplacent comme absorbant les autres végétations qui font défaut.

Plantés dans les jardins et le plus près possible des habitations, ils jouent d'abord un rôle hygiénique; puis, récoltées, séchées au besoin auprès du foyer et divisées en tronçons de 8 à 10 centimètres de longueur, les tiges de maïs placées en vase clos et remplis d'eau chaude ne tardent pas à produire une boisson agréable, fort appréciée de nos ouvriers.

IX

La consoude rugueuse du Caucase.

M. Christi m'a envoyé de Londres, cet hiver, 300 pieds de cette plante dont le monde agricole commence à se préoccuper, avec prière d'en faire l'essai à Burtin et d'en publier le résultat. Son envoi était accompagné d'une notice imprimée contenant des instructions que j'ai suivies ponctuellement.

Les 300 pieds en question ont été plantés en avril dernier, dans un terrain destiné à recevoir du maïs, sur gros billons espacés d'un mètre ; la distance entre chaque plante était également d'un mètre sur le billon.

Ainsi chaque plante occupe un mètre carré et l'hectare en contiendrait dix mille.

Le terrain que je leur ai consacré est excellent ; il est situé dans ma vallée et entouré de fossés dans lesquels je puis maintenir l'eau à la hauteur que je juge nécessaire pour assurer au sol la fraîcheur convenable.

J'ai déjà coupé deux fois ce fourrage (août 1877), et probablement je le couperai deux fois encore avant la fin de la campagne. Le rendement s'en accroît à chaque coupe, à cause du développement que prennent les plantes. Sans pouvoir donner encore des chiffres précis sur le rendement, je crois pouvoir affirmer que la récolte totale sera, comme poids, fort peu inférieure à celle du maïs.

Mes plantes sont loin d'avoir acquis tout leur développement, et leur rendement n'atteindra son apogée que l'an prochain ; il dépassera alors celui de tous les autres fourrages à coupes successives.

Mes bestiaux mangent la consoude verte sans avidité, mais sans répugnance ; j'en mêlerai durant l'automne une certaine quantité à mes maïs au moment de l'ensilage et j'en obtiendrai, je l'espère, de très-bons résultats. La consoude paraît l'emporter sur le maïs en ce qui concerne la teneur en matières azotées, et le maïs viendra en aide à la consoude par sa plus grande richesse en certains principes très-utiles et très-recherchés des animaux.

Le maïs ne contient guère en moyenne que 1.20 à

1.25 0/0 de matières azotées, tandis que des analyses récentes en attribuent à la consoude 2.70 0/0, c'est-à-dire plus du double. Ces deux plantes, au lieu de se faire concurrence, se compléteraient l'une par l'autre, au grand avantage de l'agriculture.

La consoude, par son mode de croissance et de récoltes successives qui commencent avec le printemps et ne finissent qu'avec l'automne, me paraît surtout appelée à venir en aide à la petite culture. Cette dernière s'accommodera mieux que la grande des façons nombreuses qu'exige la consoude et du temps relativement considérable qu'en demande la récolte au jour le jour.

Fig. 1. — Consoude rugueuse du Caucase.

X

Procédés par lesquels j'ai réussi à assurer la conservation indéfinie de mes maïs.

Il y a un important intérêt à éviter toute espèce de fermentation pendant et après l'ensilage.
(Extrait de ma conférence faite à Blois le 8 mai 1875.)

Dans l'un de mes articles publié par le *Journal de l'agriculture* (Barral), le 17 juin 1876, je revenais en ces termes sur la même question : « Le but à atteindre, c'est d'empêcher toute espèce de fermentation avant comme après l'ensilage, car le moyen d'éviter les mauvaises fermentations, c'est de n'en laisser se produire d'aucune sorte. »

C'est pour n'avoir pas découvert plus tôt ce principe fondamental que tant de chercheurs ont, comme moi, perdu de nombreuses années en expériences stériles. Nous voulions conserver le maïs par la fermentation, c'est-à-dire que nous tournions le dos à la solution du problème. La fermentation ne conserve pas ; au contraire, elle est toujours un acheminement vers une décomposition plus ou moins putride, vers une véritable destruction.

J'en ai fait mille fois l'expérience ; lorsque mes

maïs avaient contracté dans mes silos mal réglés alors (je ne savais pas les régler autrement au début) la fermentation alcoolique, je me hâtais de les faire consommer au plus vite, sous peine de les voir passer à la fermentation acétique, puis bientôt après à la fermentation lactique ou putride.

Ces expériences si souvent répétées et toujours infructueuses avaient fini par me décourager. Pendant très-longtemps, je m'étais résigné à ne demander à mes silos qu'une conservation essentiellement temporaire, de quelques semaines au plus, c'est-à-dire du temps qui s'écoulait entre le moment de l'ensilage et l'apparition des fermentations putrides.

J'avais cependant, dès cette époque, à ma disposition tous les éléments d'un succès complet.

Dès 1853, j'avais établi à Burtin une véritable fabrique de conserves munie de toutes pièces : puissant hache-maïs anglais de la maison Richmond et Chandler, qui a admirablement fonctionné chez moi pendant plus de vingt ans, — machine hydraulique de la force de 8 chevaux, faisant fonctionner mon hache-maïs, — puis, à deux pas de ce hache-maïs, quatre silos creusés dans le sol, citernés avec le ciment Portland et parfaitement étanches.

Je hachais alors mes maïs en morceaux de trois à quatre centimètres de longueur, j'y mêlais une certaine quantité de menues pailles (toujours trop considérable), et je remplissais successivement mes silos en faisant tasser à mesure les couches du mélange ci-dessus par une et quelquefois plusieurs personnes dansant ensemble sur ce mélange.

Après ce tassement d'une énergie extrême, je plaçais à la surface une couche de menue paille de dix centimètres environ, et par-dessus le tout une couche de terre glaise battue avec soin, de manière à intercepter tout contact entre le maïs ensilé et l'air extérieur. Pendant les jours suivants, je faisais reboucher, chaque matin, les fissures qui se produisaient à la surface du recouvrement.

Lorsque je procédais, quelques semaines plus tard, à l'ouverture du silo ainsi traité, je trouvais invariablement un vide de plusieurs centimètres entre le maïs et la couche de glaise superposée. Malgré l'énergie de la compression que j'avais produite pendant l'ensilage, le maïs avait subi un nouveau tassement, et sa partie supérieure présentait une altération qui devait se communiquer rapidement aux couches inférieures. Pour éviter ce résultat, je n'avais d'autre moyen que de faire consommer mon ensilage au plus vite.

Plus tard je renonçai à la glaise comme recouvrement pour mes silos citernés; aussitôt après y avoir entassé mon mélange de maïs et de paille hachés, j'appliquais sur le tout un couvercle en bois de chêne s'adaptant exactement à l'ouverture du silo, et descendant avec et sur le maïs, à mesure que celui-ci s'affaissait. Ce simple changement amena une amélioration sensible, mais bien insuffisante encore : les altérations n'étaient qu'un peu retardées, mais j'étais enfin sur la bonne voie.

Aujourd'hui je me sers encore des mêmes silos, et j'y obtiens une conservation indéfinie et complète. En quoi ai-je donc modifié mes procédés?

Au lieu de hacher mes maïs en morceaux de trois ou quatre centimètres de longueur, je hache à un centimètre seulement.

Au lieu d'y mélanger un quart et quelquefois un tiers en poids de menue paille, je ne dépasse jamais pour cette dernière la proportion d'un dixième, et le plus souvent j'ensile le maïs seul sans aucun mélange.

Enfin, ici est la différence capitale, j'accumule sur le couvercle de mon silo, lorsqu'il vient d'être rempli, quatre à cinq cents kilogrammes de moellons ou de bois de chauffage par mètre carré de surface.

Par mes premiers procédés, je n'obtenais qu'une conservation momentanée et surtout incomplète. Avec les nouveaux, j'obtiens une conversation indéfinie et absolue.

Ainsi : 1° maïs haché à la longueur d'un centimètre au lieu de trois ; 2° réduction notable dans la proportion des menues pailles et, mieux encore, suppression totale ; 3° superposition de quatre à cinq cents kilogrammes de matières lourdes, par mètre carré, sur le couvercle mobile de mes silos remplis.

Comment ces trois modifications si simples ont-elles amené de si merveilleux résultats? C'est ce que je dois expliquer, et ce sera l'objet des chapitres suivants.

XI

Hachage du maïs en disques épais d'un centimètre seulement.

L'agriculture ne se rend pas assez compte, généralement, des avantages qu'elle pourrait retirer du hachage préalable des fourrages affectés à l'alimentation des bestiaux. Même en dehors de la préparation à l'ensilage, ces avantages sont considérables

Le hacheur, avec ses incisives en acier et les cylindres cannelés qui les précèdent et font en quelque sorte les fonctions de molaires, travaille à coup sûr aussi bien et plus économiquement que les mâchoires de nos bestiaux, lorsqu'il est mû par l'eau, par la vapeur ou par un manége à cheval (je ne parle pas des bras de l'homme devenus trop rares et par suite trop chers pour cet usage).

Je l'ai déjà dit ailleurs : le travail de la mastication

est une dépense de force que le bétail n'exécute pas gratuitement. Je laisse à nos habiles professeurs de mécanique le soin de déterminer scientifiquement l'effort que fait l'animal pour broyer les différents aliments qu'on lui présente, et quelle quote-part il faut ajouter à sa ration pour représenter cette dépense.

J'ai vu autrefois dans mes étables, lorsque je faisais consommer des maïs non hachés, mes bestiaux s'épuiser en efforts incessants pour déchiqueter les grosses tiges, et s'épuiser à ce travail excessif qui les empêchait de profiter, comme ils l'ont fait depuis, de cette nourriture excellente lorsqu'elle leur est présentée sous une forme plus favorable à son absorption.

On ne cherche pas assez à se rendre compte de l'influence qu'exerce sur l'effet des aliments l'état physique sous lequel ils doivent être consommés. Figurez-vous deux hommes obligés de se nourrir, l'un avec du froment en grain, l'autre avec la même quantité de froment réduit en farine ; soyez sûr que ces deux hommes seront loin de profiter également de leurs aliments respectifs, chimiquement les mêmes cependant.

Ce sont évidemment des considérations de cet ordre qui font des mêmes maïs des aliments si différents dans leurs effets, selon qu'ils auront été préalablement hachés seulement ou hachés et attendris par un commencement de fermentation, ou offerts aux bestiaux en tiges entières plus ou moins récemment coupées.

Quant à la grande division que je fais subir à mes maïs au moment de l'ensilage, elle a une importance extrême au point de vue de la bonne conservation. Haché en disques d'un centimètre d'épaisseur seulement, le maïs s'arrime bien mieux dans le silo ; il y occupe beaucoup moins de place, et, y prenant de lui-même la forme et la consistance d'une espèce de pulpe, laisse dans sa masse le moins d'air possible.

Il n'en est pas de même lorsque le maïs est haché à des longueurs plus grandes. A mesure qu'on s'éloigne de la dimension à laquelle je me suis arrêté après de nombreux tâtonnements, la conservation devient moins bonne et finit par être tout à fait défectueuse.

L'an dernier, un cultivateur du val de la Loire vint prendre chez moi les dimensions de mon silo elliptique et le reproduisit exactement chez lui. Il le remplit en automne, et lorsqu'il l'ouvrit dans le courant de l'hiver, il n'en tira qu'un produit fort mal conservé, que ses bestiaux ne mangeaient qu'avec répugnance. Il m'apporta, tout désappointé, un échantillon de son maïs, qu'il avait haché, au moment de l'ensilage, en morceaux de cinq à six centimètres de longueur, au lieu d'un centimètre, deux au plus qui lui avaient été recommandés.

Je reconnus immédiatement la cause de son échec, et lui demandai pourquoi, contrairement à mes conseils, il avait haché si long. « Je n'avais pu, me répondit-il, me procurer la machine à vapeur dont je comptais me servir, et j'ai dû employer un manége à cheval ; la besogne n'avançait pas assez vite, c'est pour l'activer que je me suis décidé à couper de si longs morceaux.»

Il fut émerveillé de la belle conservation des maïs ensilés à Burtin, dont il emporta une centaine de kilogrammes ; ses bestiaux furent ainsi mis à même d'apprécier la différence. Je cite ce fait, parce qu'il contient un précieux enseignement.

XII

Faible proportion de paille hachée ou de menues pailles qu'il ne convient pas de dépasser dans les mélanges.

Au début de mes ensilages, j'avais, comme principale ressource pour faire vivre mes bestiaux, une très-grande quantité de menues pailles ou pailles entières de froment, de seigle, d'avoine, etc. Pour déterminer mes bestiaux à les manger, j'en mêlais le plus possible à mes maïs et à mes seigles hachés verts ; mais je ne tardai pas à reconnaître que le mélange se conservait d'autant moins de temps que la proportion de paille était plus considérable. Un cinquième en volume, soit un dixième en poids, c'était le maximum de ce que le maïs pouvait en supporter sans être exposé à une prompte altération ; quand je dépassais ces limites, le temps de la conservation allait toujours en diminuant, et finissait par ne pas dépasser quarante-huit heures.

J'attribue ce fait à ce que la paille, très-sèche par elle-même, enlève au maïs une trop grande quantité de son eau.

L'état de fraîcheur dans les ensilages, au lieu d'être une cause de détérioration, est au contraire, dans une certaine mesure, indispensable à la bonne conservation des matières ensilées.

Le maïs, à l'état normal, contient 85 0/0 d'eau environ. Lorsque l'addition de pailles sèches a fait tomber le mélange à une teneur moyenne en eau inférieure à 75 0/0, la bonne conservation se trouve déjà fort compromise, et ne tarde pas à devenir impossible, si l'on tente d'aller au delà.

Outre la trop grande déshydratation que peut amener la présence de la paille, cette dernière offre un autre inconvénient sérieux, la paille de seigle particulièrement. Cette paille, une fois hachée, se présente sous la forme d'une grande quantité de petits tubes dont l'enveloppe très-dure résiste longtemps à la décomposition; ces tubes renferment une notable quantité d'air, c'est-à-dire l'ennemi le plus redoutable des ensilages. — Les menues pailles de toutes provenances, les pailles d'avoine ou autres, de contexture molle, sont, à ce dernier point de vue, beaucoup moins dangereuses que la paille de seigle.

Tandis que j'ai employé, au début de mes ensilages d'automne, les menues pailles résultant du battage de mes grains, toujours embarrassantes à cause de la grande place qu'elles occupent, j'ensile désormais mes fourrages purs, sans aucun mélange, et je m'en trouve très-bien.

Il est cependant des cas où il convient de mélanger des menues pailles, au maïs particulièrement, mais sans dépasser les limites convenables.

L'un de ces cas s'est présenté à Burtin à l'automne de 1876.

Lorsque le maïs a été coupé avant les gelées et arrive tout à fait sain sous le hacheur, puis dans le silo, il n'abandonne pas facilement son eau, même lorsqu'on le soumet à une très-forte pression. Il n'en est plus de même lorsque ce fourrage trop mûr a été exposé aux pluies et aux gelées de la fin de l'automne. Ainsi, m'étant trouvé en octobre 1876, faute de silos suffisants, dans l'impossibilité d'ensiler toute ma récolte de maïs, je fus obligé d'improviser un nouveau silo dans un vieux bâtiment pour y loger le surplus, et ce dernier ensilage ne put se faire que dans les premiers jours de décembre.

Les tiges atteintes par la gelée étaient devenues très-molles et s'étaient presque toutes affaissées sur elles-mêmes. Le hachage en fut difficile ; mais le plus fâcheux de tout ceci, c'est que la couche de maïs haché avait à peine atteint dans le silo deux mètres d'épaisseur, lorsque, par suite de la pression exercée sur cette première couche, le jus se mit tout d'un coup à couler en abondance par-dessous la porte, et cet écoulement continua pendant plusieurs jours. Il y eut là une perte sérieuse, que j'aurais évitée en mélangeant des pailles hachées à ce maïs trop mûr. A part ce cas exceptionnel, jamais mes maïs n'avaient abandonné ainsi une parcelle de leur eau : au désensilage, le fond de mes silos avait été trouvé presque sec, humide à peine.

XIII

Compression des silos.

Il est indispensable de superposer quatre à cinq cent kilogrammes de matières lourdes, moellons, bois ou autres, par mètre carré, sur le couvercle ou le plancher mobile des silos remplis.

J'aborde ici la question capitale, celle que j'ai eu le plus de peine à résoudre, et que je n'ai réellement résolue que dans ces derniers temps.

Lorsqu'un silo vient d'être rempli, il ne s'agit pas seulement d'empêcher l'air extérieur d'y pénétrer, il faut tout d'abord chercher le moyen d'expulser la masse d'air qu'elle renferme en plus ou moins grande quantité entre ses disques et dans ses cellules; c'est là le rôle que jouent les matières lourdes dont je charge mes silos, et au moyen desquelles j'atteins le but proposé.

Une couche de glaise comprimée et constituant une fermeture hermétique va exactement à l'encontre de ce but.

Il faut que l'air renfermé dans le silo trouve, entre les joints de mes planches de recouvrement, une issue pour s'échapper; il faut qu'une compression énergique oblige cet air à s'en aller au plus tôt et à quitter ce milieu où il causerait les plus sérieux dommages s'il y séjournait[1].

Il faut que cette compression puissante continue à s'exercer pendant plusieurs mois, parce que le foulage exercé par les ouvriers au moment de l'ensilage, si énergique qu'il ait pu être, est resté insuffisant par les motifs que nous allons exposer de nouveau. Au moment où le maïs vert vient d'être haché, il est tout vif encore et doué d'une élasticité telle qu'il réagit fortement contre la pression momentanée que vous lui avez fait subir; il remonte sous le pied à peine relevé de l'ouvrier.

Il n'en est plus de même quelques jours ou quelques semaines après; le maïs ne tarde pas à subir un ramollissement qui en diminue successivement l'élasti-

[1] La compression ne doit pas dépasser la limite au delà de laquelle elle ferait couler le jus du maïs.

cité ou, en d'autres termes, augmente sa compressibilité dans des proportions considérables.

C'est au moment où s'accomplissent dans la masse ces modifications physiques et chimiques, que les matières lourdes et superposées, dont j'indique l'emploi comme condition indispensable du succès, produisent leur effet salutaire. Elles suivent le maïs dans son affaissement successif, déterminent le resserrement de la matière à mesure que sa compacité tendrait à diminuer, et l'amènent à cet état de très-haute densité qu'il s'agit d'obtenir pour le mettre à l'abri de toute altération.

XIV

Quel doit être l'état hygrométrique du maïs au moment de l'ensilage.

Une faute que j'ai souvent commise au début consistait à laisser mes maïs sur le champ, pour qu'ils y subissent une demi-dessiccation avant l'ensilage. C'est là un procédé dont il faut s'abstenir de la manière la plus absolue. Lorsque l'eau, chassée par l'évaporation, abandonne les cellules du maïs, elle y est immédiatement remplacée par l'air, c'est-à-dire par l'agent le plus actif de toutes les altérations.

Ainsi, pas de moyen terme ! Maïs tout à fait sec, si vous le cultivez dans un climat qui en permette la dessiccation et la conservation en meules ; maïs avec toute son eau, si vous voulez le conserver par l'ensilage.

C'est pour découvrir, une à une, toutes ces lois, dont la connaissance m'a permis d'asseoir une doctrine complète et sûre, que j'ai consacré tout un quart de siècle à des expériences et à des travaux dont la divulgation m'a valu tant de témoignages de reconnaissance de la part de milliers d'agriculteurs tant de la France que de l'étranger.

Toutes les prescriptions que j'ai formulées à propos de l'ensilage des maïs s'appliquent à tous les autres fourrages indistinctement, et assurent le même succès. Si je me suis occupé plus particulièrement du maïs, c'est parce que j'ai trouvé dans cette merveilleuse plante tous les éléments d'une richesse agricole nouvelle et sans limites, depuis le jour où je suis parvenu à en assurer la conservation indéfinie par l'ensilage et à en faire la nourriture de mes bestiaux pendant toute l'année. Avant l'ensilage, il les nourrissait à peine pendant les trois mois où il était possible de le donner en vert.

XV

Effets de l'ensilage sur les fourrages.

Le but que j'ai poursuivi pendant tant d'années et que j'ai fini par atteindre a toujours été le même : conserver pour la nourriture hivernale des animaux le fourrage vert dont ils se nourrissent en été, dans l'état qui s'éloigne le moins de celui où ce fourrage produisait les meilleurs effets. Eh bien ! ce problème je l'ai résolu aussi complétement que possible, de la manière la plus absolue.

Mes maïs, mes seigles verts, mes fourrages de toute espèce ont à peine changé de couleur après huit ou dix mois d'ensilage. Servis comme nourriture exclusive de mes animaux, ils produisent exactement les mêmes effets : même abondance de lait et de beurre, même saveur et même coloration de ce dernier.

Ce sont ces résultats, constatés pendant plusieurs hivers, qui m'ont autorisé à formuler cette conclusion: Le problème n'est plus à résoudre, il est résolu !

Ces qualités si importantes des beurres d'herbe ou d'été, conservées par les beurres d'ensilage ou beurres d'hiver, sont à mes yeux la véritable pierre de touche quand il s'agit d'apprécier le mérite respectif des différents procédés de conservation des fourrages. Qu'un cultivateur me montre le beurre que lui donnent ses ensilages pendant l'hiver, et je n'aurai pas besoin d'autre moyen d'investigation pour apprécier son habileté comme ensileur. A l'œuvre on juge l'artisan.

J'ai ouvert, en avril 1877, mon dernier silo elliptique qui renfermait près de cent mille kilogrammes de maïs ensilés en octobre 1876, c'est-à-dire depuis plus de sept mois. Le tout ne présentait qu'une seule masse des plus compactes et d'un teint vert brunâtre ; la température ne dépassait pas dix degrés, il n'y avait pas d'odeur appréciable ; porté à la bouche, le maïs à cet instant était réellement insipide, et cette absence d'odeur et de goût produisait tout d'abord une sensation presque désagréable.

Je fis détacher de la masse quelques centaines de kilogrammes destinés au prochain repas de mes bestiaux : à peine ce maïs était-il exposé au contact de l'air, qu'il subit une véritable métamorphose : la couleur brunâtre verdit sensiblement et un commencement de fermentation alcoolique ne tarda pas à se produire, sans dépasser les limites que cette fermentation ne doit jamais franchir.

Ce silo a été complétement épuisé le 10 août seulement, et le maïs s'y est maintenu en bon état jusqu'au dernier jour. Mon maïs quarantin est arrivé à cette date, au point où il convient de le couper comme fourrage : il a atteint toute sa hauteur, et dès le mois d'août mes bestiaux le mangent en vert.

L'interrègne de maïs, comme nourriture de mes étables, aura été de dix jours seulement en 1877 et mes ensilages de seigle, entamés à peine, seront consommés durant l'hiver. Je n'ai pas besoin de dire que le seigle vert est beaucoup plus riche que le maïs et nourrit aussi bien à plus faible dose ; le mélange de ces deux fourrages constitue un excellent régime.

Mes bestiaux, nourris de maïs ensilé pendant tout l'hiver, boivent à peine quand on les détache au milieu du jour pour aller s'abreuver à la rivière qui traverse ma ferme ; presque tous reviennent à l'étable sans s'en être approchés. Leurs excréments, de consistance moyenne, dénotent un état pathologique des plus favorables. Il faut en conclure que le maïs ensilé est, au point de vue de la teneur en eau, un aliment bien équilibré, puisqu'il fournit aux animaux, dans les proportions les plus convenables, le boire et le manger.

On peut considérer chacun de mes silos comme un immense cylindre, et son recouvrement en madriers comme un piston gigantesque dont la surface dépasse cinquante mètres carrés.

Les matières lourdes que je superpose fonctionnent comme force motrice pour contraindre ce piston à descendre et à comprimer la matière ensilée, tout en laissant entre les madriers une issue à l'air que la compression a surtout pour but de chasser.

Mon opération en grand, je l'ai cent fois répétée en petit, et je la répète tous les jours au moyen d'un bocal en verre cylindrique ayant 27 centimètres de diamètre intérieur et 50 centimètres de hauteur; un disque en bois surmonté d'un robinet, muni d'un tube en caoutchouc, fait office de piston. Je le charge d'un certain poids déterminé pour comprimer la matière renfermée dans le bocal, un second robinet est fixé a sa partie inférieure.

Lorsque la pression commence à abaisser le piston, l'air contenu dans la matière ensilée s'échappe par les deux robinets et j'en constate facilement le volume.

Au début, mes robinets ne me donnent que de l'air pur, dont le volume est absolument égal à celui qu'a perdu la masse ensilée; plus tard, si la compression a été insuffisante et a laissé un certain volume d'air dans la masse, ce n'est plus de l'air à l'état pur qui s'écoule au moment où je rouvre mes deux robinets; il s'est produit dans la masse des modifications très-intéressantes à suivre et vraiment dignes d'être étudiées par le chimiste.

On obtiendra par cette étude l'explication scientifique des faits si nombreux que j'ai constatés empiriquement, et que je livrerai à la publicité quand ils seront plus nombreux encore et surtout éclairés par la science.

Mais, ne va-t-on pas manquer de me dire avec plus ou moins de bienveillance : « C'est de la choucroute que vous faites là ! on en faisait bien avant vous ! »

Si c'est de la choucroute que je fais ou quelque chose qui lui ressemble, je la fais sans choux, sans saumure, avec tous les fourrages possibles, et ma choucroute ne coûte guère qu'un demi-centime par kilogramme. C'est de la choucroute mise à la portée des animaux qui s'en montrent très-reconnaissants ; cette choucroute est toute une révolution agricole.

Mais, qu'on le remarque bien, c'est de la choucroute non fermentée, c'est le fourrage haché conservé dans son état naturel, et dans lequel la fermentation ne se développe qu'au moment même de la consommation. Je fais pour les fourrages mis en silo, ce que l'on fait dans les bons silos où l'on conserve soit la betterave, soit la pulpe de betterave ; dans le Nord, on ne veut pas que les racines ou que la pulpe fermentent, car les racines et la pulpe perdraient leurs qualités. Dans mes silos, les maïs et les autres fourrages ne fermentent pas.

XVI

Les meilleures dimensions à donner aux silos.

Je termine en ce moment à Burtin la construction d'une étable pouvant contenir 70 bêtes ; mes anciennes étables pouvant en renfermer 30, je serai ainsi à même de loger dans ma ferme 100 bêtes à cornes dans quelques semaines. Mes ensilages de 1877 me permettront d'en entretenir 70 au moins, cet hiver, et j'espère arriver à en nourrir 100 à la fin de 1878.

Mon faire-valoir particulier de Burtin se compose de trente-cinq hectares seulement ; il a nourri l'hiver dernier 43 bêtes à cornes et 5 chevaux ; c'est presque 1 bête 1/2 par hectare; il en nourrira 2 à partir de l'automne prochain.

Je termine également en ce moment un groupe de trois silos unis, qui font en quelque sorte partie de ma nouvelle étable et en forment comme le complément.

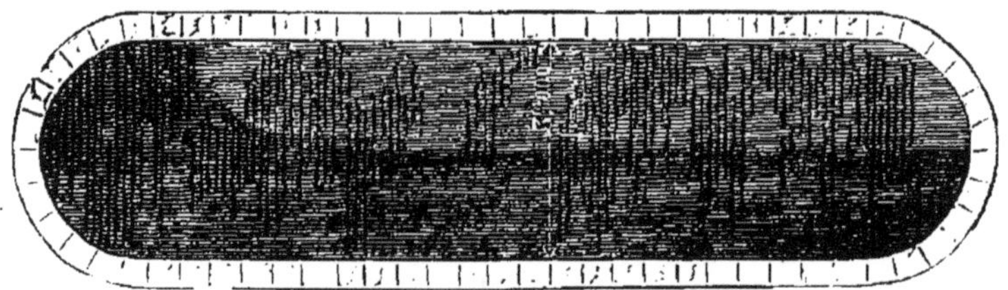

Fig. 2. — Plan d'un silo à maïs simple.

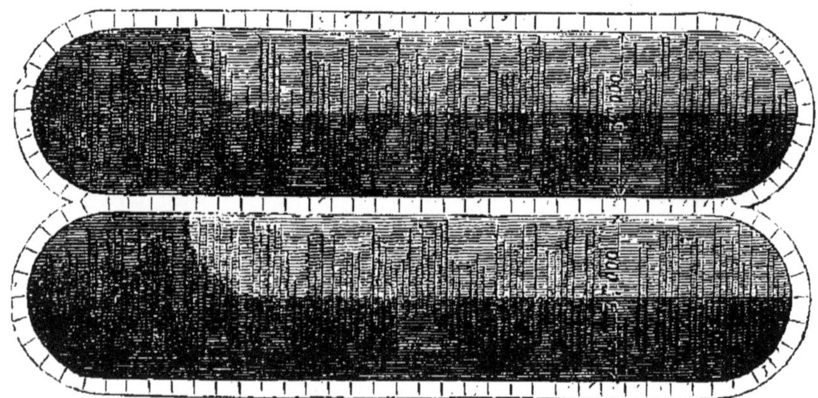

Fig. 3. — Plan d'un silo à maïs double.

Lorsque j'aurai décrit la forme et les dimensions de ces trois derniers silos, j'aurai dit au monde agricole tout ce que je puis lui dire; car l'établissement que je termine résume tous les progrès que j'ai réalisés successivement sur la question de l'ensilage, par des travaux non interrompus qui n'ont pas duré moins d'un quart de siècle.

Si j'ai profondément modifié mes procédés d'ensilage, ces modifications ont porté principalement sur la forme, sur les dimensions et surtout sur le recouvrement de mes silos. La forme m'a tout particulièrement préoccupé; elle exerce une très-grande influence sur les résultats à obtenir; cette forme doit être telle qu'elle évite toute espèce d'angles et fasse le moins possible obstacle au tassement des matières ensilées.

Le silo elliptique que représentent en plan les figures 2 et 3, et que je vais décrire, remplit ces conditions. Tous les angles sont supprimés et les murailles verticales (non évasées comme quelques personnes les ont établies) opposent au tassement le moins de résistance possible, tout en lui en opposant beaucoup trop encore. Comme nous allons avoir bientôt l'occasion de le dire, la forme elliptique présente un autre avantage bien précieux au point de vue de la solidité des silos. Les murs enterrés résistent efficacement à la poussée des terres qui a dégradé et quelquefois mis hors de service nos premières constructions.

En ce qui concerne les dimensions de mes silos (longueur, largeur et hauteur), ceux qui ont suivi mes travaux ont pu constater ma tendance constante à les augmenter, afin d'obtenir les plus grandes capacités possibles.

Quand on doit opérer sur des quantités de fourrage considérables, et qu'on a dans ses étables un nombreux bétail à nourrir chaque jour, il ne faut pas hésiter à donner à ses silos les plus grandes dimensions, compatibles avec les autres conditions d'un service facile et économique.

Les grandes masses se conservent beaucoup mieux que les masses restreintes, ou, en d'autres termes, la conservation dans les petits silos est toujours moins parfaite que dans les grands; en voici les motifs :

Les murailles, si lisses qu'on puisse les faire par les enduits dont on les revêt, servent toujours de points d'appui aux fourrages ensilés, et quelque précaution que l'on prenne, le tassement dans leur voisinage se trouve plus ou moins entravé, ce qui nuit toujours à la bonne conservation.

Le tassement le long des murs a beau être l'objet d'un soin tout particulier au moment de l'ensilage, on a beau accumuler ensuite sur le faîte du silo, dans le voisinage de ces murailles, une quantité plus considérable de matières lourdes (pratique très-rationelle toutefois que je ne saurais trop recommander), on n'évitera jamais ce fait que les matières les mieux conservées sont toujours celles qui occupent le point le plus éloigné des parois, et qu'il y a toujours dans leur voisinage une certaine altération sans gravité toutefois, mais qu'il y a intérêt pourtant à restreindre le plus possible.

Cette altération spéciale s'étend ou se restreint, selon que les murailles présentent une plus ou moins grande étendue de surface en contact, comparée à la masse ensilée. De là un intérêt considérable à donner aux silos la plus grande capacité possible, les récipients de faible contenance offrant proportionnellement beaucoup plus de surface de contact.

Supposez, par exemple, un silo rectangulaire ayant 1 mètre dans ses trois dimensions ; il offrira, pour 1 mètre cube de capacité, 5 mètres carrés de surface de contact (5 mètres carrés pour 1 mètre cube); décuplez maintenant ces dimensions et donnez à votre silo 10 mètres de côté dans tous les sens, vous aurez un récipient de 1,000 mètres cubes de capacité [1] pour une surface de contact de 500 mètres carrés seulement, c'est-à-dire 1/2 mètre carré de surface de contact pour 1 mètre cube de capacité ; vous aurez ainsi diminué des neuf dixièmes le mal signalé.

Le fait ne répond que trop à cette théorie ; jamais les matières ensilées ne se conservent aussi bien dans les petits silos que dans les grands. J'en fais encore l'expérience chaque jour. Ainsi, que mes silos soient grands ou petits, après deux mois d'ensilage, on trouve au pourtour intérieur, au point de contact des matières avec les murs, une couche de deux à quatre centimètres d'épaisseur dont la conservation laisse à désirer ; cette couche, dans les grands silos, ne représente qu'une quote-part insignifiante de la masse, et

[1] Je n'ai pas besoin de dire que je ne conseille pas les silos de pareilles dimensions ; je les exagère pour mieux faire comprendre mes raisonnements.

ne peut dès lors exercer une influence fâcheuse ; il n'en est pas de même pour les petits silos, où les altérations peuvent affecter 15 à 18 0/0 de la masse.

Si, au début, je recommandais pour les silos des dimensions restreintes, c'est parce que je n'avais pas encore découvert les merveilleux résultats qu'on pouvait obtenir par l'emploi des matières lourdes, employées à très-haute dose, au point de vue de la densité à établir et à conserver dans les silos.

Au moment du désensilage, l'air pénétrait rapidement dans la masse ensilée, dont le défaut de densité suffisante lui livrait passage et y produisait de rapides altérations. Il était tout naturel alors qu'on cherchât à restreindre le plus possible la porte par laquelle pénétrait cet air, dont le premier effet était d'élever la température à un très-haut degré par suite des fermentations (alcoolique d'abord, puis acétique, puis putride) qui s'y succédaient très-rapidement ; la masse en proie à une espèce de combustion lente allait s'affaissant sur elle-même, jusqu'au moment où la mise en consommation avait épuisé le silo.

Il fallait, dans ces conditions, donner aux silos une petite section et les faire consommer au plus vite, afin de les laisser le moins de temps possible exposés aux causes de dégradation que je viens de signaler.

Mais le jour où j'eus enfin découvert qu'au moyen de nouveaux procédés de recouvrement mobiles et chargés de matériaux plus ou moins lourds, je pouvais maintenir dans la masse une densité continue et telle que la pénétration de l'air y devînt impossible, je devais abandonner les petits silos qui n'avaient plus de raison d'être pour les exploitations importantes.

J'ai nourri dans l'hiver de 1877 à Burtin 43 bêtes à cornes, j'en nourrirai 70 dans l'hiver de 1877-78 et je compte en avoir 100 à la fin de 1878 ! Dans ces conditions, j'ai dû donner à mes silos les dimensions les plus développées et ne m'arrêter qu'à la limite extrême où la trop grande étendue de ces silos deviendrait un obstacle sérieux à l'économie des différentes opérations que comportent les ensilages.

XVII

Chargement d'un silo.

L'établissement des silos n'est pas la seule dépense pour l'ensilage. Il faut se procurer en plus, soit par l'achat, soit par la location, une force motrice et un puissant hache-maïs.

Les grandes cultures sont généralement aujourd'hui munies de ces engins. Quant à la culture moyenne, il faut qu'elle puisse se les procurer par la location, et pour cela, il faut que les entrepreneurs de battages à vapeur deviennent des entrepreneurs de hachage de maïs. L'achat du hache-maïs ne serait pas une très-grosse dépense, mais il faudrait faire choix d'un instrument facile à transporter d'un point sur un autre, tout en présentant, par sa masse, une très-grande stabilité. J'engage instamment les comices et sociétés agricoles à encourager, par des

Fig. 4. — Chargement d'un silo de maïs à la ferme de Burtin.

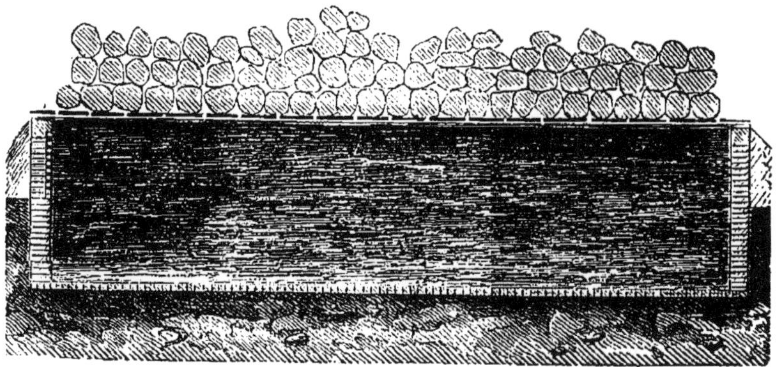

Fig. 5. — Silo rempli, recouvert de madriers, chargés de pierres.

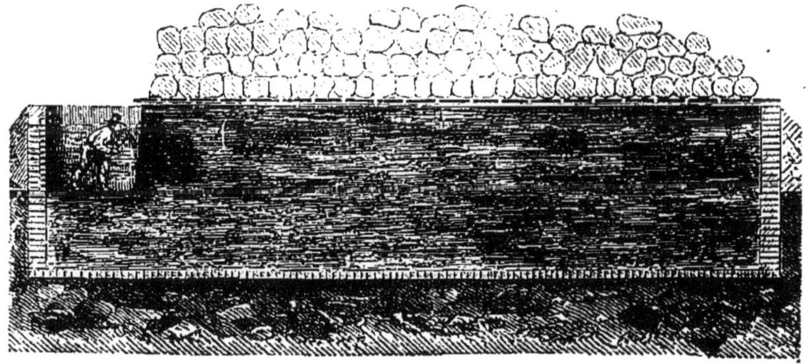

Fig. 6. — Attaque du silo par tranches verticales.

primes en argent et des médailles, les entrepreneurs qui entreront dans la voie que j'indique.

J'ai insisté sur la nécessité de comprimer fortement les matières ensilées et j'y reviens encore, parce que ce point est décisif pour le succès de l'opération. La compression la plus énergique sera toujours celle qui donnera la meilleure conservation.

Le remplissage du silo (fig. 4) doit se faire le plus rapidement possible, et la couche de maïs doit être tenue constamment horizontale. Le foulage le long des parois (elles doivent être le plus lisses possible) s'opère à mesure que le silo se remplit. Une femme qui tourne constamment le plus près possible des murs suffit pour cette opération.

Le silo rempli jusqu'au bord et bien égalisé horizontalement, je sème à la surface de la menue paille sur une épaisseur de 4 à 5 centimètres, puis je pose sur cette menue paille des madriers ou voliges se joignant bien. Ces planches doivent être placées dans le sens de la largeur du silo, afin qu'au désensilage, elles puissent être enlevées une à une à mesure que le silo se vide, attaqué par tranches verticales (fig. 6).

C'est sur ce plancher (fig. 5) que doivent être accumulées toutes les matières lourdes que l'on peut avoir à sa disposition, telles que moellons, briques, bois de chauffage, vieux sacs remplis de terre ou de sable sec, etc. A Burtin, j'ai bien vite renoncé à la terre forte et au sable, comme moyen de compression; ils sont d'un usage dangereux. Le sable s'infiltre dans les matières ensilées, et la terre se collant aux parois, laisse bientôt un vide entre elles et le maïs qui s'affaisse pendant plusieurs semaines.

Je n'ai pas besoin de répéter qu'il faut terminer le silo par une couche parfaitement horizontale, ne dépassant pas le bord supérieur. Les dos d'âne surmontant les silos sont une grave erreur ; la matière ne peut y être suffisamment comprimée, et elle prend vite la pourriture sèche qui ne tarde pas à se communiquer à la masse inférieure.

Faut-il employer du sel dans les ensilages? — On peut s'en passer, et je m'en passe souvent sans que la bonne conservation ait à en souffrir; mais je crois l'usage modéré du sel favorable à la santé des animaux, et j'en mêle quelquefois à mes ensilages, à raison d'un kilogramme par mètre cube de maïs, dont le poids moyen est de 812 kilogrammes après tassement (soit environ 30 à 35 grammes de sel dans une ration journalière de mes animaux).

J'ai dit ailleurs comment le maïs arraché à la masse devait, avant d'être donné aux animaux, être exposé pendant quinze ou vingt heures à l'action de l'air, afin d'y contracter un commencement de fermentation alcoolique.

Après ce temps, qu'il convient, du reste, de prolonger ou de restreindre un peu, selon que la température extérieure a plus ou moins activé la fermentation, cette dernière devient excessive et dès lors nuisible; il faut, autant que possible, que l'échauffement spontané qui se produit dans la matière lorsqu'elle a cessé d'être compacte, ne dépasse jamais 35 à 40 degrés.

Il y a deux ans, je n'avais pas de silos à ma ferme de Gouillon et j'y faisais transporter tous les deux jours, de mes silos de Burtin, les maïs destinés aux bestiaux de cette exploitation ; dès le second jour la chaleur de ce maïs transporté dépassait de beaucoup les limites que je viens d'indiquer, et les vapeurs alcooliques qui s'en dégageaient avec abondance prévenaient suffisamment de la perte sérieuse qui se produisait. L'acide acétique ne tardait pas d'ailleurs à se mettre de la partie.

Dans le Nord, la pulpe de betteraves qu'on donne en hiver aux bestiaux est presque toujours fortement acide; c'est à cette circonstance que j'attribue la qualité médiocre du lait et du beurre obtenus des animaux soumis à ce régime.

XVIII

Plan des nouvelles écuries de Burtin avec leurs silos.

Mes écuries nouvelles n'offrent rien de particulier. Elles constituent un carré parfait de 24 mètres de côté, divisé en deux compartiments traversés, chacun, par un couloir passant entre deux rangs de bacs cimentés. Ces couloirs sont mis en rapport avec mes nouveaux silos par un petit chemin de fer qui en facilite le service, en amenant devant chaque animal la nourriture qui lui est destinée. Les maïs et autres fourrages ensilés sont contenus dans des corbeilles en osier, toutes de même capacité, et que l'on pèse fréquemment, afin de pouvoir se rendre compte du poids que représentent chaque jour les rations de mes différents lots de bêtes à cornes.

Du reste, le plan ci-joint (fig. 7) en fera facilement comprendre toutes les dispositions.

Quant à mes nouveaux silos, ils ne diffèrent de celui que j'ai déjà créé il y a deux ans, que par leur plus grande capacité. C'est exactement le même type, à forme elliptique, avec murs droits et le plus lisses possible à l'intérieur; seulement la largeur qui n'était que de 3 mètres est portée à 5, et la hauteur qui n'était que de 4 mètres est portée à 5 également. Je n'ai plus à exposer les motifs qui m'ont décidé à faire ces changements, ils sont longuement développés plus haut.

Deux années d'expérience m'ont démontré que mes silos elliptiques avaient sur tous les autres une supériorité telle que je considère leur forme comme devant être admise partout et devenir en quelque sorte la forme classique. Si je les modifie dans l'avenir, ces modifications porteront sur la hauteur seulement qu'il y aura quelquefois avantage à augmenter encore, et cette opération sera des plus faciles ; elle ne nécessitera aucun changement ni abandon de ce qui existera.

Malheureusement, si j'ai réussi au delà de toutes mes espérances dans l'amélioration des procédés d'ensilage pour la grande culture, j'ai le chagrin de devoir avouer qu'il n'en est pas de même en ce qui concerne ceux qui pourraient convenir à la petite culture.

La première difficulté qui se présente, celle d'un hacheur à bras, n'est pas résolue. Un hache-maïs suisse, qui l'an dernier m'avait paru remplir toutes

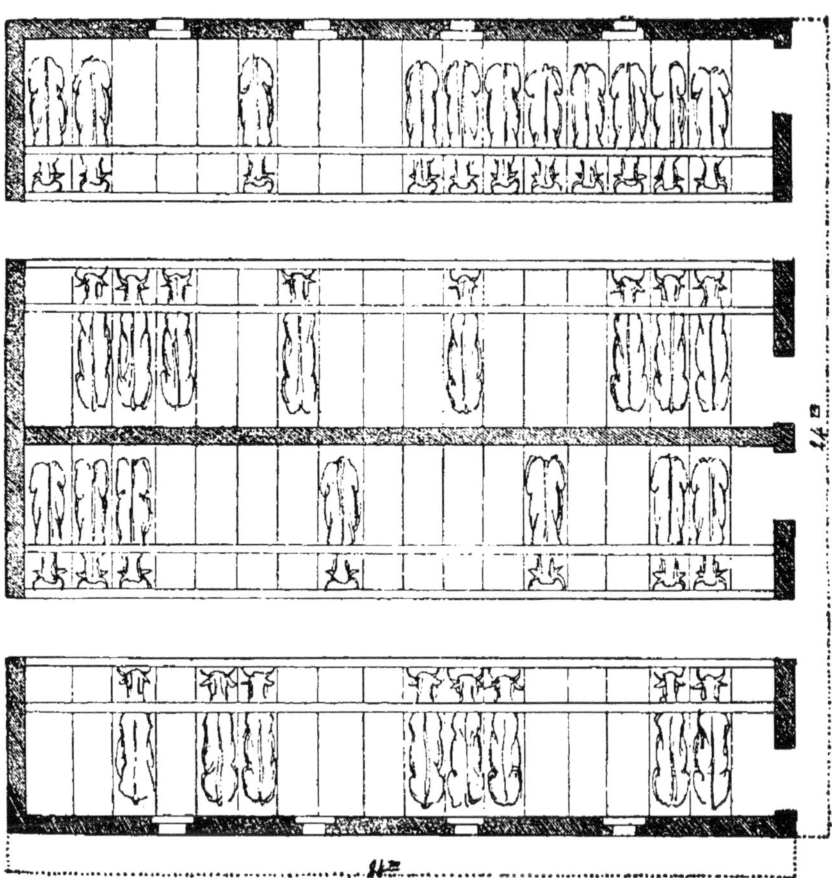

Fig. 7. — Plan des nouvelles étables de Burtin.

les conditions désirables, n'a pas réalisé l'espoir qu'il nous avait d'abord inspiré. Son manque de solidité a causé des embarras sérieux sur presque tous les points où l'on a essayé de l'employer,

Peut-être faudra-t-il renoncer aux hacheurs à bras et se décider, même pour les petites exploitations, à employer un instrument plus puissant, mû par un manége à cheval.

Voici maintenant quelques détails sur le mode de construction de mes silos.

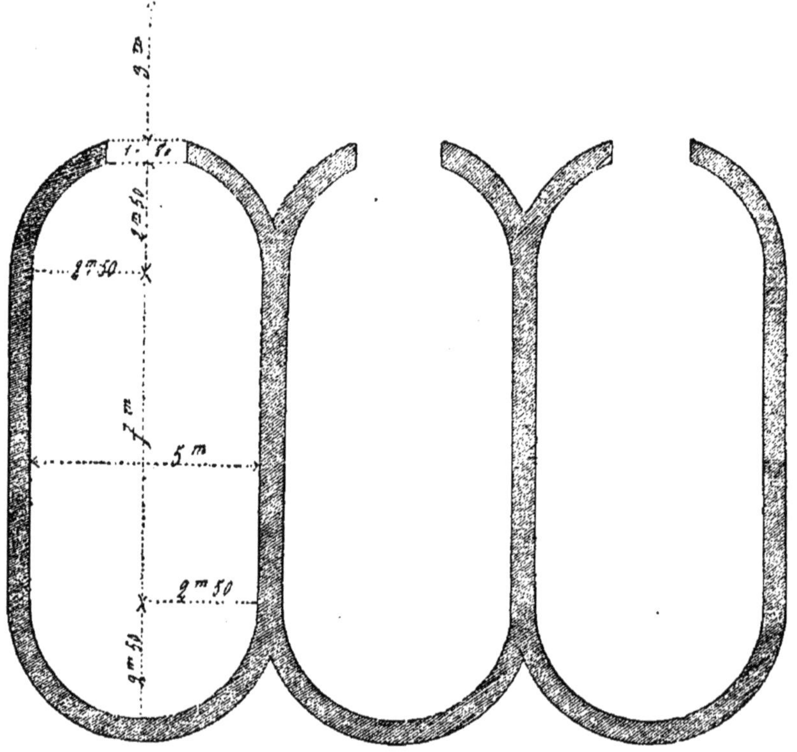

Fig. 8. — Plan du nouveau silo triple de la ferme de Burtin.

Ma ferme de Burtin présente, pour l'établissement de silos tels que les miens, des difficultés tout exceptionnelles. Elle est traversée par une petite rivière, le Néant, dont le cours, entravé par un barrage pour le service de ma roue hydraulique, maintient dans tout le voisinage le niveau des eaux très-élevé. Partout, dans ma ferme, on rencontre l'eau à moins d'un mètre de profondeur, et comme je tiens à enterrer mes silos de deux mètres au moins, parce que la partie enterrée conserve en été plus de fraîcheur que celle qui s'élève au-dessus du sol, je suis obligé de faire citerner cette première partie pour la mettre à l'abri de l'invasion possible des eaux, ce qui entraîne une assez forte dépense. Voici en quoi consistent ces travaux :

La fouille ouverte pour établir les fondations de mes silos est creusée à 2 m. 20 cent. en dessous du niveau du sol. Il a fallu pour pénétrer à cette profondeur sans être arrêté par l'eau, assainir préalablement le terrain par l'ouverture d'une fosse de drainage qui recueille les eaux du sol jusqu'à la profondeur de 2 m. 30 cent. et les conduit dans le bief inférieur de ma rivière à 80 mètres environ en aval de ma turbine.

Ma fouille profonde de 2 m. 20 cent. une fois terminée sans encombre, grâce à ce drainage préalable, j'ai fait couler dans toute son étendue une couche de 15 centimètres de béton composé de cassons de brique et de mortier hydraulique.

C'est sur cette couche de béton que j'élève, jusqu'au niveau du sol d'abord, les murs verticaux qui contiennent les parois de mes silos, en donnant à ces mur une épaisseur de deux briques (45 centimètres).

Arrivé à cette hauteur, je continue ces mêmes murs jusqu'à la hauteur totale (5 mètres) qu'ils doivent atteindre, mais j'en diminue l'épaisseur que je réduis à une brique et demi (34 centimètres environ).

Ces murs terminés, j'enduis les parois intérieures, y compris le fond bétonné du silo, d'une couche de ciment Portland [1] suffisante pour assurer leur parfaite imperméabilité.

Tous ces travaux comportent :

155mc, 562 de maçonnerie ordinaire qui à raison de 20 francs le mètre cube représentent...............	3,111 fr.	24 c.
30mc, 47 béton évalués à raison de 12 francs le mètre..................................	365	64
Les dépenses de fouilles, enduits en ciments et autres dépenses diverses représentent environ..................................	700	»
Total............	4,176 fr.	88 c.

Mes trois silos accouplés (fig. 8) m'auront donc coûté, à peu de chose près, 4,176 fr. 88 c., et comme leur capacité totale est de 812m,45, chaque mètre cube de cette capacité m'aura coûté 5 fr. 14 c.

Il est probable que l'an prochain je porterai à six mètres la hauteur de mes silos, c'est-à-dire que je les

[1] Ces ciments se fabriquent à Boulogne-sur-Mer, où je les paye à raison de 65 francs la tonne mise sur wagon.

relèverai encore d'un mètre. Leur contenance totale approchera alors de mille mètres cubes.

J'ajourne également à l'an prochain ma décision en ce qui concerne une couverture spéciale à établir sur mes silos.

Ces explications suffisent pour faire comprendre comment à Burtin les silos doivent coûter plus cher que dans la plupart des cas. Je bâtis sur un sol tout à fait horizontal, souvent détrempé par l'eau, où l'invasion de cet élément, si redoutable dans les silos, doit être prévenue à tout prix[1]. Je n'ai reculé devant aucune dépense pour atteindre ce but et j'ai la certitude de l'avoir atteint, par le drainage surtout.

Combien d'agriculteurs plus favorisés que moi trouveront, dans le profil de leur sol, l'avantage de n'avoir pas à se préoccuper de la question des eaux? Combien d'entre eux possèdent dans le voisinage de leur ferme un coteau qui leur permettra d'ouvrir dans son flanc des silos toujours étanches et même les dispensera d'établir des revêtements en maçonnerie, lorsque les tranchées seront ouvertes dans une pierre compacte ? J'ai rencontré cent fois les conditions dont je parle et chaque fois je leur ai porté envie. Il est peut-être bon, du reste, qu'il en soit ainsi; ceux qui voudront m'imiter, éprouveront

[1] J'en ai fait récemment la triste expérience. L'eau ayant pénétré par une fissure dans l'un de mes silos remplis de seigle vert, toute la partie envahie par l'eau, $0^m,30$ environ, a été perdue.

moins d'hésitation quand ils sauront que Burtin présente, pour l'établissement des silos, des conditions particulièrement défavorables et qu'il leur sera souvent facile d'obtenir les mêmes résultats avec une dépense infiniment moindre.

On comprend que, pour se servir de silos d'aussi grandes dimensions que ceux que je viens de décrire, il faut nécessairement faire usage d'un hache-maïs puissant mû par une machine à vapeur de six chevaux au moins et d'un ascenseur élevant les fourrages hachés par-dessus les murs des silos.

J'estime qu'une exploitation possédant ces trois instruments remplira sans peine un silo en trois jours au plus ; cette célérité est indispensable pour assurer le succès de l'ensilage.

Les grandes cultures sont généralement munies de ces deux premiers engins, le hache-maïs et la locomobile ; il leur sera facile d'y ajouter un ascenseur. Celui qui a fonctionné chez moi à l'automne de 1876 et au printemps de 1877, m'a coûté 1,100 francs environ, mais j'ai dû naturellement payer les frais de mes tâtonnements ; jespère qu'on l'obtiendra à l'avenir à beaucoup meilleur compte. On réalisera facilement quelques simplifications le jour où le hacheur et l'ascenseur établis par les mêmes usines et combinés pour marcher ensemble n'auront plus besoin d'un aussi grand nombre d'engrenages pour arriver à établir la concordance de leurs mouvements.

Mon ascenseur a beaucoup d'analogie avec les monte-betteraves des fabriques de sucre, et les habiles constructeurs de ces derniers engins me trouveront toujours à leur disposition pour être mis à même d'étudier l'ascenseur qui fonctionne à Burtin.

Quant à la culture moyenne, je l'ai déjà dit, il faut qu'elle puisse se procurer, par la location, ces instruments trop coûteux pour elle, surtout quand on n'a à leur demander qu'un service de quelques jours.

C'est aux entrepreneurs de battages, déjà très-nombreux dans quelques contrées, à ajouter cette industrie nouvelle à celle qu'ils exercent déjà.

Le cultivateur n'aurait plus alors à se préoccuper que de la création des silos, et, dans bien des cas, il parviendrait à les établir à bien meilleur compte que je ne puis le faire à Burtin.

C'est surtout aux riches agriculteurs qui sont entrés dans la voie que je leur ai indiquée et qui m'adressent chaque jour de si nombreux remerciements, à guider autour d'eux les cultivateurs de bonne volonté qui peuvent avoir besoin de leurs conseils.

De mon côté, je me tiendrai toujours, comme par le passé, à la disposition des agriculteurs qui croiront devoir recourir à mon expérience.

Je m'engage à payer une prime de cinq cents francs au premier entrepreneur de battage qui justifiera avoir ensilé à façon deux millions de kilogrammes de fourrages au moins.

XIX

Conclusions.

Je disais, en 1873, dans l'une de mes premières brochures : « Ma conviction profonde est que la culture et l'ensilage du maïs Caragua sont destinés à produire une véritable révolution agricole ; ils doivent, d'ici à dix ans, doubler le nombre des bestiaux entretenus sur notre sol. »

Etait-ce un espoir chimérique et suis-je condamné à ne pas le voir se réaliser ? Dieu me préserve de tout découragement sur ce point ! Depuis quatre ans, les progrès que j'ai réalisés à Burtin ont dépassé toutes mes espérances. Sur ma réserve, qui est à peine de vingt-cinq hectares, j'ai nourri durant l'hiver de 1876 quarante-trois bêtes à cornes et j'en nourrirai soixante-dix durant l'hiver de 1877, avec la certitude d'aller bien au delà à la fin de 1878. *Voilà des faits plus concluants que toutes les discussions possibles.*

Burtin a déjà de nombreux imitateurs qui n'ont pas hésité à nous suivre lorsque nos procédés étaient loin d'avoir atteint tous les perfectionnements que nous avons réalisés dans ces derniers temps; qu'ils aient pleine confiance et qu'ils continuent! Leurs succès seront la meilleure réponse à ceux qui s'attribueraient la triste tâche de les décourager. Le grand établissement que je viens de terminer, que j'inaugurerai au mois d'octobre 1877, et à l'inauguration duquel je convie tous les agriculteurs, prouve assez au monde agricole que j'ai dans mon œuvre une foi inébranlable.

Je n'ai rien négligé, ni soins ni dépenses, pour assurer à mes constructions une solidité à toute épreuve. Elles sont élevées à l'endroit même de notre chère Sologne, qui peut être considéré comme le berceau de cette industrie nouvelle, et elles représentent ainsi le point de départ d'un immense progrès agricole; elles le personnifient en quelque sorte, et peut-être pourrais-je sans trop d'orgueil inscrire sur le fronton ces paroles du grand poëte latin: *Exegi monumentum, ære perennius.* J'ai accompli mon œuvre, plus durable que l'airain.

APPENDICES

I

RAPPORT

fait à la

Société centrale d'agriculture de France

par M. F. Bella

au nom d'une Commission mixte formée des membres des Sections de l'économie du bétail, des sciences physico-chimiques et de grande culture, sur la question de l'ensilage du maïs-fourrage haché vert. (Séance du 7 avril 1875.)

Un membre correspondant de notre Société, M. A. Goffart, propriétaire-agriculteur au château de Burtin, près Nouan-le-Fuselier (Loir-et-Cher), au centre de cette contrée si pauvre, mais si intéressante qu'on nomme la Sologne, nous a fait une communication dans laquelle il a mis en lumière les avantages de la culture du maïs pour fourrage, et la possibilité de conserver ce fourrage vert pendant une majeure partie de l'année; il nous a présenté aussi un échantillon du maïs conservé que consomme encore son bétail en mars 1875, échantillon destiné à justifier la préférence qu'il a donnée à sa méthode d'ensilage et de conservation du maïs en vert.

Votre Commission a pensé que la question de la conservation d'un fourrage, aussi productif et d'aussi bonne qualité que le maïs, méritait d'être étudiée, et que, si les résultats sont aussi satisfaisants que l'annonce M. Goffart, ces résultats doivent être signalés à l'attention du public agricole. J'ai été chargé de vous présenter son Rapport sur cet important sujet.

Tous les moyens de conservation des matières alimentaires intéressent très-vivement l'industrie rurale qui produit ces substances, et la nation entière qui les consomme. Ils tendent, en effet, à réduire les pertes, conséquences des altérations et des déchets; ils atténuent les alternatives déplorables d'avilissement du prix des denrées qui ruinent l'agriculture, et de cherté qui affaiblissent toutes les branches de la richesse publique. Enfin, ils assurent l'alimentation régulière des animaux et des hommes, qui fait la vigueur et qui accroît la puissance productrice de la nation.

La conservation du maïs vert emprunte un intérêt particulier à l'excellence de ce fourrage pour les vaches laitières, principalement, aux variations considérables que des saisons plus ou moins favorables apportent à sa production, et aussi à la brièveté du temps pendant lequel le bétail peut profiter de ce fourrage d'automne (si on ne parvient pas à le mettre à l'abri des intempéries). Si l'arrière-saison est très-sèche, il donne d'assez faibles produits ; quand, au contraire, la chaleur et l'humidité favorisent sa végétation, il produit des récoltes si considérables qu'on ne peut les consommer avant les gelées qui viennent les détruire. Les feuilles se fanent, se dessèchent et sont refusées par le bétail, tandis que les tiges qui sont trop grosses pour pouvoir être desséchées se couvrent de moisissures et sont en majeure partie perdues.

L'idée est donc venue à tous les cultivateurs qui ont introduit cet excellent fourrage dans leurs exploitations, qu'il y aurait un très-grand intérêt à conserver pour l'hiver ce que l'automne n'a pu consommer, et nous connaissons un grand nombre de tentatives plus ou moins heureuses, mais plus souvent malheureuses, qui ont été faites tantôt par des moyettes, tantôt par des remisages sur séchoirs, pour atteindre ce but important.

Il y avait, d'ailleurs, beaucoup de précédents de nature à justifier ces efforts. La conserve des feuilles de vigne vertes, dans le Lyonnais, pour la nourriture des bestiaux et des chèvres qui ont fait la réputation du fromage dit du mont Dore, donne, depuis un temps immémorial, des résultats excellents. Il en est de même des silos à marc de pomme des pays à cidre.

— Les conserves de légumes de toutes sortes : navets, choux et feuilles diverses assaisonnés d'une certaine quantité de céleri, pour la nourriture des vaches, dans les diverses parties de l'Allemagne, remontent aussi loin dans la nuit des temps que celles des choux destinés à la nourriture des hommes et connus sous le nom de Saûer kraut (choux aigres) dont nous avons fait *choucroute*.

Dans le nord de la France, plusieurs grands cultivateurs, M. Georges, d'Orgival, près Saint-Quentin, entre autres, conservent depuis vingt ans, avec succès, leurs feuilles de betteraves dans des silos ; d'autres ont appliqué les mêmes procédés à leurs betteraves coupées en tranches et sont parvenus à une meilleure conservation qu'en gardant leurs racines entières dans les celliers ou silos ordinaires. Les pulpes des distilleries et des sucreries ensilées constituent d'excellentes conserves.

M. Vilmorin, quatrième du nom, qui suit avec tant de zèle et d'intelligence les nobles traditions d'une famille dont nous gardons de si précieux souvenirs, a fait connaître, en 1870, un procédé d'ensilage du maïs et d'autres fourrages verts employés en Wurtemberg, par M. Reihlen, et cette publication a provoqué aussitôt de nombreux essais. Parmi ces novateurs, qu'il me soit permis de citer un des meilleurs élèves de Grignon, M. Moreul, propriétaire à la Grignonnière, qui, depuis 1870, ensile, avec un grand succès, du maïs non haché, mais salé, dans des silos en terre, et qui en tire un parti considérable.

Le monde est trop vieux, la nécessité s'impose depuis trop longtemps aux efforts de l'humanité, pour qu'en toutes choses on ne puisse pas invoquer de nombreux précédents. Mais pour tous les hommes d'expérience, sachant la grande distance qui sépare une idée heureuse et même un essai réussi, d'une pratique assez bien assise pour devenir la base d'une opération économique régulière, ces précédents ne détruisent pas le mérite de tous les hommes qui, comme M. A. Goffart, sont arrivés à des succès constants. Si la culture du maïs est bien appropriée aux conditions culturales de l'exploitation de Burtin, et si la méthode d'ensilage donne d'une manière constante les résultats dont l'échantillon soumis à votre examen ne donne qu'un aperçu, il mérite nos éloges.

C'est ce qu'il n'était possible de constater que sur les lieux mêmes, et c'est ce qui a engagé votre rapporteur à aller visiter, au château de Burtin, les silos de maïs-fourrage, objet de la communication de notre confrère, M. Goffart. Mais il a cru bien faire en donnant à ses observations un contrôle judicieux, et pour cela il a réclamé le concours de deux de nos éminents confrères, MM. Moll et Barral, dont le coup d'œil pratique et l'expérience scientifique devaient lui être précieux. M. Barral voulut bien se charger de la levée, toujours délicate, des échantillons à analyser.

La terre de Burtin est située dans une vallée

presque plate qu'arrosent deux petits cours d'eau. La terre est à peu près ce qu'elle est partout en Sologne, mélangée de couches argileuses et de sables siliceux plus ou moins fins ou grossiers. Mais elle semble excellente dans le fond de la vallée que M. Goffart a choisi pour y asseoir sa culture de maïs. Elle portait une de ces prairies naturelles qui sont la base essentielle de l'économie rurale de la Sologne et qui, à cause de cela même, valent deux à cinq fois plus par hectare que les terres arables qui les avoisinent, tandis que dans les bons pays à cultures avancées, la valeur des terres arables se rapproche de celle des prairies quand elle ne l'atteint pas.

Cette terre, comme la plupart des bonnes terres de Sologne, semble douce et facile à cultiver, et sa position l'empêche de participer à l'un des graves défauts qui caractérisent le sol de la Sologne, la trop grande humidité en hiver et la trop grande sécheresse en été. Le cours d'eau paraît suffisamment encaissé pour égoutter les terres pendant l'hiver, et un barrage permet de le faire refluer dans un fossé de dérivation qui, se déversant sur le sol de l'ancienne prairie défrichée, doit fournir une bienfaisante irrigation, lorsque la sécheresse de l'été menace de tarir les sources de la végétation. Ce sont des conditions excellentes, dont le propriétaire de Burtin a su tirer parti, et qui conviendraient à merveille pour l'établissement d'une riche culture maraîchère, si les circonstances économiques de la contrée pouvaient admettre une production exigeant de si grandes avances et tant de bras.

C'est dire que le maïs est parfaitement approprié à ce sol, d'autant plus que M. Goffart puise abondamment, dans les engrais de commerce que le chemin de fer met à la disposition de la Sologne, le phosphate de chaux, l'élément essentiel qui lui manque. On peut même dire que, dans ces conditions exceptionnellement favorables, il fallait remplacer les variétés de maïs qui mûrissent dans la contrée et sont peu exigeantes, mais qui sont peu productives, par les variétés de l'Amérique du Sud, auxquelles on reproche d'être très-épuisantes, mais qui donnent les plus hauts produits, tels que le maïs dent-de-cheval et le maïs Caragua, dont les tiges atteignent une hauteur de 4 mètres. C'est ce qu'a fait M. Goffart avec un plein succès.

Les terres siliceuses et silico-argileuses de Sologne deviennent brûlantes pendant la chaleur du jour, et elles se refroidissent rapidement pendant la nuit. De ces alternatives résultent des chances très-fâcheuses pour l'agriculture; on nous a cité, sur la récolte en blé de 1874, qui, partout en France, a été remarquablement abondante, des chiffres qui font tristement ressortir cette vérité. Le froment, que depuis l'introduction de la marne, et surtout depuis l'importation des engrais riches en phosphate de chaux, on cultive avec profit dans les bonnes terres, et qui y donne jusqu'à 35 hectolitres dans les années favorables, a produit, l'an dernier, en Sologne, une moisson insignifiante de 4 à 8 hectolitres par hectare. C'est l'un des propriétaires cultivateurs les plus justement considérés du pays, dont les terres sont les plus proches de la marne, et depuis longtemps améliorées, M. Julien des Anges, qui nous a fourni ce document. Cela explique la grande richesse minérale trouvée dans certaines pailles solonaises de l'an dernier. Quand le grain ne peut se former, par faute d'humidité, la tige reste d'autant plus riche.

Quoi qu'il en soit, il y a évidemment de grands avantages, dans une contrée agricole si peu favorisée et où les capitaux consacrés à l'agriculture courent tant de dangers, à restreindre le domaine de la charrue aux terres les mieux partagées, les plus faciles à cultiver et à surveiller, afin d'y concentrer les travaux et les engrais qui, seuls, peuvent les améliorer assez pour changer les conditions physiologiques de la végétation. Il faut donc que les bois, dont la création est si facile en Sologne, couvrent la majeure partie du pays ; qu'une culture semi-pastorale, basée sur les plantes les mieux appropriées au sol, prépare le plus de pâturages pour de nombreux troupeaux, et qu'à côté de ces productions extensives qui fournissent l'alimentation économique, une culture riche, active, intensive, assure les ressources d'hiver sans lesquelles ce nombreux bétail ne pourrait prospérer. Telle est la formule qu'une sage économie rurale propose aux agriculteurs solonais et qui semble être généralement

acceptée aujourd'hui; la culture de maïs à hauts produits et l'ensilage du maïs vert y répondent complétement.

Reste à savoir si l'on aurait pu mieux faire à Burtin, si la culture de la betterave fourragère, qui, elle aussi, donne des rendements considérables par hectare et dont les produits se conservent si aisément pendant l'hiver, n'eût pas été préférable. Pour qui connaît la terre de Sologne, cette question ne saurait être douteuse. Il y a ailleurs des exploitations rurales où l'on est presque assuré de récolter 100,000 kilogrammes de betteraves globe jaune par hectare, en enfouissant, en temps voulu, 100,000 kilogrammes de fumier. Mais ces résultats sont impossibles en Sologne. La betterave est mal appropriée à son sol, tandis que le maïs y végète aisément et, dans de bonnes conditions, y donne des produits fabuleux, 100,000, 120,000 et même, suivant M. Goffart, 150,000 kilogrammes d'un fourrage excellent, moins riche sans doute que la betterave, lorsqu'ils sont frais tous deux, mais qui est mieux approprié à la nourriture des vaches à lait et qui s'améliore pendant l'ensilage. Nous ne croyons pas être loin de la vérité en avançant qu'en Sologne, et à conditions égales de culture, le produit moyen du maïs par hectare sera au moins double de celui de la betterave. Il faut donc féliciter M. Goffart et les agriculteurs solonais qui, comme lui, ont fait du maïs la base de leur production fourragère, d'autant plus que cette culture s'associe tout naturellement à celle du seigle coupé en vert qui convient à merveille aux terres de Sologne, et qu'on peut ainsi faire deux récoltes successives dans la même année. C'est ce qu'on fait à Burtin ; le maïs y est semé après seigle consommé en vert.

M. Goffart affirme avoir commencé, dès 1852, ses essais d'ensilage du maïs, et ce que nous avons vu à Burtin prouve que ces essais l'ont conduit à un résultat pratique. Nous avons été surtout impressionnés très-favorablement par la vue des silos placés dans l'ancienne distillerie qui étaient en vidange et fournissaient à l'alimentation journalière de la vacherie. Ces silos sont simplement constitués par les murs latéraux et par des murs de refend de 2^m,50 de hauteur. On n'y a fait aucune excavation, et on y entasse le fourrage sur le sol même, aussi haut que le permet le plancher supérieur. On a laissé des baies ouvertes dans les murs de refend, de manière à permettre de passer d'un compartiment dans l'autre, afin de les emplir et ensuite de les vider successivement.

M. Goffart a cru devoir hacher le maïs avant de l'ensiler. La grosseur des tiges de ses maïs luxuriants l'a conduit à cette opération qui devait avoir pour résultats : 1° un mélange plus uniforme de la menue paille avec les feuilles et les tiges ; 2° une division des tiges en morceaux assez menus pour que les animaux les pussent mastiquer aisément et n'en perdre rien, ce qui n'est pas le cas lorsque ces tiges restent entières, à moins que, comme le pratique M. Moreul à la Grignonnière, on ne sème très-dru pour n'avoir que des tiges très-fines; 3° enfin un tassement plus régulier et plus efficace de la masse du fourrage à ensiler.

M. Goffart recommande beaucoup le mélange des menues pailles avec le maïs, afin d'absorber l'humidité surabondante; il croit obtenir ainsi une meilleure conservation. Les balles de céréales qui ont une valeur nutritive notable ne peuvent qu'augmenter la qualité du maïs ensilé: elles doivent contribuer, en outre, à mettre le maïs à l'abri du contact de l'air et à régulariser la fermentation[1] que nous avons constatée.

M. Goffart insiste aussi sur la nécessité de tasser la masse de fourrage haché avec le plus grand soin; c'est, suivant lui, une condition essentielle du succès de la conserve. Mais ce tassement s'accroît encore par l'effet de la fermentation; nous avons remarqué que le tas qui avait été élevé à $2^m,50$ était réduit à $1^m,60$.

Ce tas a été, au moment où il a été formé, salé avec du sel de coussin, mais en superficie seulement; il est recouvert d'un peu de menue paille appuyée par des planches de rive, connues sous le nom de dosses, qui n'ont qu'une valeur minime, et par-dessus ces dosses une rangée de bottes de paille recouvre le tout.

Quand l'heure de la distribution est venue, on

[1] Ainsi qu'il est dit plus haut, le but de l'ensilage, à Burtin, est aujourd'hui d'empêcher toute fermentation.

A. G.

enlève avec un crochet une couche mince sur la paroi verticale laissée par la précédente opération, de manière que la surface en contact avec l'air soit complètement renouvelée, et la partie ameublie par l'outil est transportée à l'étable. Tout cela est fait avec soin, afin que les parties exposées à l'air n'aient pas le temps de s'altérer et d'aigrir.

Ce tas était en état de fermentation active ; le thermomètre que M. Barral a enfoncé dans la masse a marqué + 46°. Le fourrage qu'on en tire a une odeur alcoolique très-marquée et sa saveur est légèrement acide. Il est mangé avec avidité par les vaches, dont il compose la seule nourriture depuis le commencement de l'hiver.

Nous avons été frappés de l'apparence de très-bonne santé des 28 ou 30 vaches, la plupart suitées, qui garnissent l'étable de Burtin ; les yeux étaient vifs, la peau souple, et les déjections montraient que ce bétail était en bonne condition. Mais le point qui a surtout attiré notre attention, parce qu'il donne la meilleure mesure de la valeur de l'alimentation, ce sont les veaux de lait, toujours plus délicats et les premiers à souffrir de la mauvaise alimentation de leurs mères ; nous n'en avons pas vu un seul qui eût le poil piqué ou qui fût dévoyé.

Le fourrage qui produisait cet excellent résultat ne contenait ni sel ni tourteau, et l'on peut se demander s'il serait suffisant dans toutes les conditions données. Il est probable que, s'il s'agissait de nourrir des vaches très-laitières et dont on pousse la lactation à 25 ou 30 litres de lait par jour, il faudrait ajouter des farineux ou des tourteaux à la ration de maïs que nous avons vu distribuer, et qui, d'après nos pesées, ne représente guère que 25 à 35 kilogrammes, exactement 27 kilogrammes en moyenne par jour ; mais pour les vaches que contient l'étable de M. Goffart, vaches pouvant peser de 400 à 500 kilogrammes vivantes, cette ration paraît suffisante pour elles et pour leurs veaux.

Le silo dont nous venons de parler pourra fournir à l'alimentation du bétail de Burtin, jusqu'à la fin de mars, mais M. Goffart a en réserve d'autres approvisionnements de maïs. Il a bien voulu faire ouvrir devant nous deux silos non encore entamés, dans un terrain découvert, à côté de la ferme. L'un, de 2 mètres de large et de 2 mètres de profondeur sur 10 mètres de long, est maçonné ; le maïs y a été entassé en dos d'âne et recouvert de terre glaiseuse également tassée de manière à écarter les eaux de pluie. Le maïs que nous y avons pris n'a marqué au thermomètre que + 16° ; son odeur n'était pas sensiblement alcoolique ; son goût paraissait plus acide que celui obtenu précédemment et la conservation nous a paru moins satisfaisante, en ce sens qu'il y avait des parties altérées à la surface et sur les côtés[1]. Mais l'intérieur était en bonne

[1] Je dois encore répéter ici que les conditions de la conservation des fourrages par l'ensilage ne sont plns les mêmes

condition. Il contenait beaucoup moins de menue paille que le maïs du silo en consommation. Nous avons mis une corbeille de ce maïs dans la cour, à côté de l'autre, à la disposition des vaches en liberté, et il a été mangé par elles avec bon appétit.

Enfin on a ouvert un troisième silo en terre, non maçonné et de forme cylindrique; il n'avait que $1^{m},60$ de profondeur sur 1 mètre seulement de diamètre. Le fourrage du chapeau était complétement altéré et montrait beaucoup de moisissures de diverses couleurs blanches et rouges, passant promptement au vert, d'après l'observation de M. Barral. Le thermomètre plongé dans la masse a accusé $+ 10^{o}$. Le maïs qu'on a retiré du milieu n'avait pas d'odeur, son goût était acide, mais les vaches l'ont mangé aussi, quoiqu'en dernier lieu et en montrant une préférence marquée pour le maïs du silo couvert.

De la comparaison des trois silos que nous avons examinés, il semble résulter un avantage marqué pour le premier, mais il est difficile de se prononcer sur les causes qui ont produit la conservation meilleure du maïs-fourrage que nous y avons observée. Est-ce seulement aux dispositions du local et à sa couverture? N'est-ce pas aussi à ses dimensions plus grandes et à la plus grande quantité de menues pailles qui y a été mélangée? Il n'y a aucune parité entre les trois

qu'à l'époque où M. Bella a visité Burtin. J'ai trouvé le moyen, **pliqué plus haut, d'empêcher toutes ces moisissures.**

A. G.

silos sous ces rapports, et c'est le plus petit, où nous n'avons pas trouvé de menues pailles en mélange, qui montre le plus de pertes. Nous pensons que les dimensions de la masse à conserver doivent avoir une grande influence sur la matière dont la conserve se comporte; le tassement doit être plus complet, l'accès de l'air plus difficile, la fermentation doit être plus lente et uniforme [1], le refroidissement doit être plus lent dans les grandes que dans les petites masses, et les déchets doivent aussi être relativement moins sensibles. La présence d'une quantité de menues pailles plus ou moins considérable, ou l'absence de cette substance absorbante, ne doit pas avoir une influence moins sensible, non-seulement parce qu'elle diminue l'humidité de la masse, mais aussi parce qu'en l'enrobant elle la protége contre le contact de l'air.

Mais on doit se demander si la fermentation, beaucoup plus active, que nous avons constatée dans le silo couvert, dont les dimensions sont plus grandes et qui contient beaucoup plus de menues pailles en mélange avec le maïs, est, en soi, une chose favorable à la bonne conservation du maïs. Nous n'avons pas, il est vrai, observé de moisissures autour de cette conserve dont la température était de 46°, et il est bien possible que cette grande chaleur contribue à assurer ce résultat satisfaisant; on peut

[1] Aujourd'hui, comme je l'ai expliqué, j'ai résolu le problème d'éviter toute fermentation.

penser aussi que cette fermentation a, par l'évaporation d'humidité et le dégagement d'acide carbonique qui en sont la conséquence, une influence sur la qualité de la conserve. C'est à elle évidemment qu'il faut attribuer cette odeur alcoolique qui paraît être du goût des bestiaux; mais cette fermentation n'en est pas moins un commencement d'altération et doit causer une perte de substance; la formation de l'alcool, d'après les analyses de notre confrère M. Barral, est accompagnée de celle des autres substances acides, qui pourraient être moins avantageuses; cette acidité nous avait frappés pendant la dégustation des conserves, et nous avions prié notre savant secrétaire perpétuel de vouloir bien la titrer.

Voici ses analyses et la lettre qui les accompagne; il semble en résulter qu'en faisant abstraction des pertes et déchets, beaucoup plus grands, constatés dans les silos en terre et en plein air, que dans le silo couvert, le maïs est plus modifié et plus acide dans celui-ci que dans celui-là :

« Mon cher confrère, vous m'avez demandé de vous « accompagner dans la visite que vous avez faite avec « notre savant confrère, M. Moll, à la ferme de Burtin, ex« ploitée par M. Goffart, afin de prendre des échantillons « de maïs ensilé par cet habile agriculteur, le premier, à « ma connaissance, qui ait, en France, fait l'ensilage du « maïs haché vert dans des conditions complètes de suc« cès; il est le premier, dans tous les cas, qui ait publié la « description de ce procédé de conservation.

« Déjà j'avais analysé du maïs extrait des silos de « M. Goffart; c'était l'échantillon que M. Goffart, depuis « longtemps membre correspondant de notre Société, « lui a présenté.

« Les résultats auxquels j'étais arrivé peuvent se « grouper d'abord sous cette forme simple, déduite de la « dessiccation, de l'incinération et du dosage de l'azote :

Eau	79.85
Matières organiques	18.70
Matières minérales ou cendres	1.45
Total	100.00

Azote total pour 100. . . . . 0.27
Matières azotées 0.27 × 6.25 = 1.69

« J'avais fait aussi une autre analyse en traitant « 100 grammes de matière par une digestion suffi- « samment prolongée dans de l'eau entre 30 et 40 « degrés, en évaporant la dissolution et analysant à « part la partie insoluble ; j'ai ainsi obtenu les résul- « tats suivants :

	Eau		79 85
Partie soluble dans l'eau.	Matières azotées	0.575	6.06
	Sucres	0.680	
	Autres matières organiques solubles	4.215	
	Matières minérales (cendres)	0.590	
Partie insoluble dans l'eau.	Matières azotées	1.112	14.90
	Matières grasses, résine	0.770	
	Cellulose	4.820	
	Amidon et autres matières organiques non azotées	6.538	
	Matières minérales (cendres)	0.850	

« Les 1.45 0/0 de cendres ont présenté cette composition :

Acide phosphorique	0.0773
Chaux	0.1660
Potasse	0.2560
Acide sulfurique, très-peu de chlore, oxyde de fer	0.2207
Matière siliceuse insoluble dans l'acide nitrique	0.7300
Total	1.4500

« J'ajouterai que la matière présentait une odeur en « partie vineuse, agréable, mais ayant quelque chose de « particulier et de très-persistant, restant longtemps, « par exemple, dans les mains qui avaient froissé une « partie de ce maïs.

« Nous avons examiné, à Burtin, le maïs de trois silos : « le premier, déjà entamé, et fait entre deux murailles « verticales, dans un bâtiment d'intérieur de la ferme; « le deuxième d'une longueur de 10 mètres, à l'extérieur « de la ferme et construit en maçonnerie, mais recou- « vert de terre ; le troisième, circulaire également, en- « foncé dans le sol, tout près du précédent, mais dans « lequel le maïs haché était placé dans le trou cylindri- « que creusé, directement en contact avec les parois en « terre. Ces deux derniers silos ont été ouverts en notre « présence. Dans le premier, après l'enlèvement de la « terre, nous avons trouvé une couche de paille, puis du « maïs présentant des moisissures blanches et rouges « sur une épaisseur d'environ 20 centimètres, et enfin « du maïs sain dont j'ai prélevé un échantillon, comme

« je l'avais fait pour le silo de l'intérieur des bâtiments.
« — Quant au silo circulaire, au-dessous de la couche « de terre qui le recouvrait, nous avons trouvé d'abord « de la toile, puis une couche de maïs de 25 centimètres « environ d'épaisseur, ayant des moisissures blanches « et rouges ; au-dessous de cette couche se trouvait du « maïs sain dont j'ai pris également un échantillon. « J'ai remarqué alors un phénomène assez singulier « qui méritera d'être étudié : c'est que quelques parties « des moisissures blanches ayant été frappées tout à « coup par un rayon de soleil, elles ont rapidement « verdi.

« J'ai pris, avec un thermomètre que j'avais apporté, « la température de l'intérieur de chacun des trois silos, « et j'ai trouvé les résultats suivants :

Grand silo de l'intérieur . .	46	degrés	centigrades.
Silo extérieur de 10 mètres de longueur	16	—	—
Silo extérieur circulaire . .	10	—	—

« Les trois échantillons ont été, dès mon retour à « Paris, le soir même, mis en partie dans des flacons « de verre, et l'analyse en a été commencée immédiatement. Ils m'ont présenté la composition suivante, en la « remenant à la même forme que j'ai présentée ci-dessus « pour le maïs envoyé par M. Goffart :

	Maïs du silo intérieur.	Maïs du silo long extérieur.	Maïs du silo circulaire extérieur.
	—	—	—
Eau.	79.20	77.22	80.28
Matières organiques	19.44	20.69	18.32
Matières minérales ou cendres.	1.36	2.09	1.40
	100.00	100.00	100.00
Azote pour 100. . .	0.176	90.11	0.219

« En multipliant ces derniers nombres par 6.25, on « peut avoir les chiffres qui représentent, d'après une « convention généralement adoptée, les matières orga- « niques azotées. On trouve : pour le premier, 1.10; « pour le second, 1.19; pour le troisième, 1.37.

« Quand on considère qu'au maïs haché en vert on « ajoute de la menue paille en quantités variables, que, « d'après les échantillons que j'ai pris, j'estime à 6 ou « 10 0/0 en poids, ou à 20 ou 25 0/0 en volume, « il n'est pas possible de ne pas regarder les quatre ana- « lyses comme ayant donné des résultats absolument « analogues.

« Le premier maïs que j'ai analysé contenait un peu « plus de menue paille que les trois derniers. Il faut « aussi ajouter que l'on trouve, dans certains endroits « des silos, des épis tout formés coupés en lame de 1 cen- « timètre 1/2 environ. La présence d'une de ces ron- « delles est de nature à faire varier les résultats des « analyses. Il est très-difficile de faire, pour des recher- « ches de ce genre, des échantillons bien homogènes et « exactement comparables les uns aux autres. Pour « opérer, j'ai dû dessécher un poids d'une centaine de « grammes à la température de 100 degrés dans une « étuve. J'ai considéré comme étant de l'eau, toutes les « matières volatiles. Or, il y avait un peu d'alcool formé, « particulièrement dans le maïs envoyé par M. Goffart et « dans celui où j'ai constaté la température de 46 degrés. « Il y avait aussi dans ce dernier un peu d'acide « acétique et quelques autres produits aromatiques « volatils qu'il sera intéressant de rechercher dans une « étude qu'il serait utile d'entreprendre ultérieurement.

« Mais le tout ne forme pas 1 0/0, et par conséquent « ne change guère le chiffre de la proportion d'eau.

« J'ai recherché la quantité d'alcool développée dans « le maïs provenant du silo où j'avais constaté la tempé- « rature de 46 degrés. Ce n'est pas une opération facile; « j'ai pris, pour arriver à un résultat digne de confian- « ce, 200 grammes de la matière fraîche, je les ai intro- « duits dans une cornue dont j'ai mis le col en commu- « nication avec un serpentin placé dans un réfrigérant ; « j'ai chauffé la cornue à une température de 80 à 90 de- « grés. Elle a distillé un liquide franchement acide, mais « en même temps alcoolique. Ce liquide mesurait 24 centi- « mètres cubes ; je l'ai saturé par quelques gouttes d'une « dissolution de potasse, et je l'ai soumis de nouveau à « la distillation dans un petit alambic de Salleron, en ne « distillant que la moitié environ; j'ai ramené à 24 centi- « mètres cubes le volume distillé. Il marquait 1 degré à « l'aréomètre de Gay-Lussac, à la température de 15 de- « grés, ce qui correspond à 1 d'alcool pour 100 volumes « de ce liquide; par conséquent, les 200 grammes de « maïs employés contenaient 24 centièmes de centimètre « cube. Donc, 1 kilogramme contenait 5 fois plus, soit « 1 centimètre cube 2 dixièmes. Cette faible quantité « d'alcool suffit parfaitement pour donner une odeur « spéciale à la masse du maïs.

« Je viens de dire que le produit de la distillation « était franchement acide; j'ai obtenu un peu d'acétate « de potasse par l'évaporation de la liqueur neutralisée ; « je n'ai obtenu ni alcool, ni acide acétique dans les deux « autres maïs.

« J'ai cherché à déterminer exactement le degré d'aci-

« dité des trois échantillons que j'ai rapportés de Burtin.
« J'ai pris 25 grammes de chacun et je les ai mis dans
« l'eau distillée, après les avoir pilés, et j'ai ramené le
« volume à 100 centimètres cubes par addition d'eau. Au
« bout de 24 heures de digestion, j'ai pris 20 centimètres
« cubes de chaque liquide. Par une dissolution de potasse
« titrée j'ai obtenu le point de saturation et, par suite, l'é-
« quivalent du degré d'acidité de chacun des maïs en
« acide sulfurique monohydraté. J'ai ainsi trouvé :

Maïs du silo intérieur, à 46 degrés. . . .	0.792
Maïs du silo long extérieur	0.544
Maïs du silo circulaire extérieur	0.099

« On voit que c'est le maïs qui a été maintenu dans le
« silo à la température la plus basse, qui s'est trouvé de
« beaucoup le moins acide. C'est celui qui, selon moi,
« avait été conservé dans l'état le plus voisin du maïs
« au moment de la récolte. La quantité d'acide trouvée était
« supérieure à celle de l'acide acétique trouvée dans la
« distillation ci-dessus décrite ; il y a, dans les maïs con-
« servés, un ou plusieurs acides à déterminer. Quant à
« dire aujourd'hui quelles sont les transformations pro-
« duites dans les silos, c'est une question très-délicate
« et impossible à résoudre sans de nouvelles recherches
« à entreprendre, et il faudrait commencer par prendre
« un échantillon du maïs haché au moment même où on
« l'introduit dans le silo. Toute comparaison est impos-
« sible sans cette précaution qui n'a pas été prise. Les
« calculs et les déductions que l'on a voulu faire à ce sujet
« n'ont rien de sérieux.

« Les trois échantillons que j'ai rapportés étaient très-

« bien conservés, et vous avez vu, mon cher confrère, « que les vaches de M. Goffart les ont mangés tous les « trois avec avidité. Cependant il m'a paru que le maïs « ayant l'odeur alcoolique et provenant du silo intérieur « à la température de 46 degrés était plus goûté que les « deux autres.

« Nous avons constaté que la ration moyenne pour les « 30 vaches de l'étable de M. Goffart était, par jour, de « 28 kilogrammes. D'un autre côté, la quantité d'azote « que nous avons déterminée dans nos quatre analyses « est à peu près le cinquième de celle que l'on trouve « dans le bon foin de prairie, et à peu près l'équivalent « du dosage constaté dans la pulpe des distilleries du « procédé de M. Champonnois. Les animaux que nous « avons vus chez M. Goffart étant d'assez petite taille, la « ration que nous avons constatée est bien en rapport de « ce que l'on sait des équivalents nutritifs par rapport « au foin. Les vaches donnaient peu de lait, elles ne « sont pas d'une race laitière; mais elles nourrissaient « leurs veaux qui étaient au nombre de 14. Elles étaient « dans ce qu'on peut appeler un bon état d'entretien.

« Pour montrer l'importance de la conservation du maïs « Caragua, je n'ajouterai plus qu'un chiffre, c'est qu'une « récolte de 120,000 kilogrammes par hectare corres- « pond au cinquième environ de son poids en foin sec; « elle fournirait 24,000 kilogrammes de matière sèche « par hectare, résultat magnifique, supérieur de beaucoup « à ce que l'on peut obtenir même avec les betteraves « cultivées pour la nourriture du bétail dans des terrains « semblables à ceux du domaine de Burtin.

« Recevez, etc. « J.-A. BARRAL. »

Nous pensons, comme notre secrétaire perpétuel, qu'il reste beaucoup à faire pour élucider les questions de la meilleure conservation du maïs-fourrage.

Mais en résumé, nous avons vu à Burtin un ensilage de maïs-fourrage qui fonctionne sur une grande échelle et d'une manière tout à fait industrielle que nous n'avons vue décrite nulle part. La culture du maïs qui alimente les silos est parfaitement appropriée aux conditions culturales de la localité et est très-bien réussie. Elle donne des produits considérables et assurés.

Le bétail qui est nourri pendant tout l'hiver avec les conserves de maïs semble en parfaite condition. Le bétail produit une masse de fumier que les bruyères des landes éloignées viennent augmenter et à laquelle les engrais du commerce apportent les éléments complémentaires indispensables.

C'est un ensemble de faits qui a nécessairement la plus heureuse influence sur l'exploitation de Burtin et qui peut être proposé comme exemple à une contrée, qui, malgré l'immense amélioration que lui ont apportée les chemins de fer par la marne et les engrais phosphatés, a besoin de sortir des tâtonnements dans lesquels depuis longtemps elle languit.

Nous n'avons pas cru devoir entrer dans les discussions de prix de revient, toujours fort délicates, parce que ces prix varient à l'infini suivant les circonstances commerciales des localités et suivant les dispositions locales de chaque exploitation. Il est évident qu'une culture de maïs qui produit, à l'hectare, 60,000 kilogrammes ou même 100,000 kilogrammes de tiges qu'il faut transporter à la machine, qu'il faut hacher, puis transporter et tasser dans les silos pour les reprendre ensuite, entraîne des dépenses assez considérables. Mais il est évident aussi qu'une plante qui produit des quantités pareilles d'un fourrage excellent, est la base d'une culture avantageuse; il n'est pas moins évident que si on dispose les locaux d'une manière judicieuse, de manière à ce que les diverses opérations se commandent bien et évitent toutes les manœuvres et les transports inutiles, comme font toutes les industries commerciales et manufacturières en progrès, on abaissera d'une manière à peine croyable le prix de revient des manipulations qu'entraîne l'ensilage du maïs.

Sous ce rapport, les silos sous remise dans lesquels le maïs est d'ailleurs le mieux conservé à Burtin, nous semblent particulièrement recommandables; tous les services y sont mieux réunis et à l'abri des intempéries, et nous ne voyons pas de raison pour que cet abri ne soit pas construit avec une économie telle que le logement de 1,000 kilogrammes de conserve y revienne à aussi bas prix que dans les silos en terre.

Certes, il ne faut pas pousser les agriculteurs dont les capitaux d'exploitation sont si souvent insuffisants, à immobiliser une partie importante de ces capitaux, en constructions, mais il faut cependant appeler leur attention sur les conséquences économiques de l'élévation constante du prix de la main-d'œuvre, de la rareté et des difficultés croissantes des ouvriers ruraux. On ne peut plus opérer aujourd'hui comme on faisait autrefois, parce que les manœuvres successives qui consistent à ouvrir et à couvrir des silos en terre éloignés, le temps perdu en allées et venues, hors de la surveillance, et la force inutile dépensée en transports accomplis en mauvaises conditions, sont devenus trop coûteux.

On est d'ailleurs tout étonné de l'abaissement des prix auxquels on peut arriver par ce que nous appelons les procédés industriels. Nous espérons communiquer bientôt à la Société des chiffres qui concernent une autre sorte d'ensilage et qui prouvent que le logement de 100 kilogrammes d'avoine peut être moins coûteux en coffres-forts de fer qui les mettent à l'abri de tous risques, qu'en greniers ordinaires.

Il nous reste à conclure, et notre conclusion ne saurait être que très-favorable aux efforts que M. Goffart a faits avec un succès remarquable pour créer une exploitation basée sur la culture du maïs à hauts produits et sur la conservation du maïs-fourrage en silos. D'autres peuvent avoir fait aussi bien, il peut avoir des devanciers, nous ne pouvons le vérifier; mais il a créé, au centre de la pauvre Sologne, un type cultural qui doit être cité comme exemple, même à des contrées mieux partagées. Il mérite donc les remerciements et les félicitations de la Société centrale d'agriculture de France.

Les conclusions de ce rapport, mises aux voix, ont été adoptées à l'unanimité.

II

Extrait
du *Journal de l'Agriculture*
du 23 octobre 1875.

Ainsi que nous l'avions annoncé, nous nous sommes rendu, le 18 octobre, à la ferme de Burtin, pour assister à une opération d'ensilage du maïs chez M. Auguste Goffart. Nous y avons rencontré MM. Boitel et Lembezat, inspecteurs généraux de l'agriculture, M. le baron Asselin, vice-président du Comice agricole de Blois, et M. Pierre Lembezat, directeur de la colonie agricole de Saint-Maurice. Etaient venus antérieurement MM. Chabot, le baron de Coriolis, Bagueneau de Viéville, Boinvilliers, membre du Conseil général de Loir-et-Cher, Léon et Emile Pénot, d'Indre-et-Loire, de Grandry, de Trimont, Delimoges, de la Côte-d'Or, Amédée Poyat, du Puy-de-Dôme, Samuel et Hardon, ingénieurs des arts et manufactures; Manoury, régisseur près de Tournan (Seine-et-Marne), Julien, de la ferme des Anges (Loir-et-Cher), Pinson, Jubin, et beaucoup d'autres agriculteurs. Nous avons vu opérer pendant toute une demi-journée, et nous avons pu nous rendre compte du travail. Une locomobile à vapeur de Brouhot, chauffée au bois, faisait marcher un hache-maïs de Pilter, près duquel un tombereau amenait le maïs qui venait d'être coupé sur le champ. On avait aussi employé des hache-maïs d'Albaret, de Cumming, et un troisième importé de Suisse.

Deux ouvriers engrenaient le maïs dans l'appareil qui coupait à une largeur de 1 centimètre. Un homme jetait à la pelle de la paille hachée, sur le produit du coupage; la proportion de la menue paille était environ du sixième en volume. Deux ouvriers ramassaient le mélange, pour le jeter dans le silo, où deux ouvriers étaient occupés à bien répandre et à tasser. En comprenant le chauffeur et le charretier, neuf ouvriers étaient donc employés au hachage; mais, en outre, deux autres voitures étaient employées à charger dans le champ ou à faire le chemin, de façon à éviter les pertes de temps. Enfin, la récolte du maïs exigeait quatre femmes et deux chargeurs. Donc, en tout, 17 personnes et 3 chevaux étaient employés au travail, et l'on ensilait ainsi environ 5,000 kilogrammes par heure. Nous avons vu faire l'ensilage dans les silos qu'au mois de mars dernier nous avions déjà visités, alors remplis de maïs fermentés, en compagnie de nos confrères de la Société centrale d'agriculture, MM. Bella et Moll. Un silo nouveau, de 103 mètres cubes de capacité, a été construit par M. Goffart. Nous avons rapporté, pour en faire l'analyse, des échantillons du maïs haché devant nous, ainsi que du maïs que nous sommes allé couper dans les champs de Burtin. D'après les pesées et mesures que nous avons prises, M. Goffart, qui a fait 4 hectares de maïs Dent-de-Cheval et Caragua, récoltera au moins 100,000 kilogrammes à l'hectare. Dans un champ de 36 ares que nous avons visité particulièrement, le rendement s'élève à 15 kilogrammes par mètre carré; sur 13 tiges que nous avons mesurées, pesant 15 kilogrammes 1/2, les longueurs étaient de 3^{m},15, 3 mètres, 3 mètres, 2^{m},80, 2^{m},80, 3^{m},10, 3^{m},05, 3 mètres, 3^{m},75, 2^{m},60, 3^{m},05, 3^{m},50, 3^{m},20, moyenne, 3^{m},07. Nous nous bornons aujourd'hui à ces détails, parce que nous aurons à revenir sur la question, lorsque nous aurons fait l'analyse des maïs que nous avons emportés, et, en outre, lorsque nous retournerons à Burtin pour prendre du maïs dans le silo que nous avons vu remplir.

Tout ce que nous pouvons ajouter en ce moment, c'est que les opérations sont parfaitement bien conduites chez M. Goffart, qui, nous le répétons, doit être considéré comme le véritable initiateur, en France, de l'ensilage du maïs haché, attendu que, le premier, il a publié son opération, et qu'il n'y a de titres valables pour déterminer les droits de priorité que les titres publics. Les témoignages postérieurs, les certificats, ne peuvent pas créer de droits contre un titre imprimé. Mais il est vrai que M. Vilmorin, en 1870, a fait connaître en France le procédé Reihlen, et le *Journal de l'Agriculture* a reproduit à ce moment la note que M. Vilmorin lui a envoyée, en même temps qu'aux autres journaux agricoles. Maintenant beaucoup d'autres essais d'ensilage se font avec succès; mais le mérite revient toujours à celui qui a commencé et qui, le premier, à donné ses expériences comme exemple.

J.-A. Barral.

III

Extrait
du *Journal de l'Agriculture*
du 27 mai 1876.

La conservation des fourrages verts sur la ferme de Burtin.

Nous avons été engagé à venir constater, le 16 mai, l'état de conservation de maïs hachés en vert dont nous avions vu faire l'ensilage au mois d'octobre dernier. M. A. Goffart avait réuni sur son exploitation deux commissions du Comité central de la Sologne, dont il est le président, et quelques autres agriculteurs. Nous avons été heureux de nous trouver avec MM. Baguenault de Viéville, président de section au Comice d'Orléans, Julien des Anges, président du Comice d'arrondissement de Romorantin, Labiche, maire de Souvignies, Boucheron, président de section au Comice d'Orléans, Thomas, conseiller à la Cour d'appel de Paris, Gaugiran, secrétaire du Comité central de la Sologne, Fontaine, président du Comice cantonal de Romorantin, Rousseau et le baron de Coriolis, agriculteurs à Souasme; Grimault, secrétaire du Comice de Romorantin.

Avec de tels hommes, les discussions ne pouvaient avoir que le plus vif intérêt, et nous y reviendrons; aujourd'hui nous ne voulons constater que trois choses:

1° La conservation parfaite des maïs hachés verts, après sept mois d'ensilage environ, sans élévation de la température, sans fermentation d'aucune sorte, la facilité avec laquelle ces conserves prennent vite à l'air l'odeur alcoolique, l'avidité que les bêtes bovines mettent à les manger, même quand on leur offre à côté de la nourriture tout récemment fauchée;

2° La mise en silos de 2,000 kilogrammes de seigles coupés en vert et hachés;

3° l'excellent état des bestiaux qui avaient été exclusivement nourris avec le maïs ensilé.

Nous avons emporté des échantillons de tous les produits que nous avons recueillis; nous les analyserons. Aujourd'hui, nous devons nous borner à féliciter M. Goffart des remarquables résultats qu'il a obtenus.

J.-A. Barral.

IV

Lettre à M. A. Goffart sur la composition du maïs coupé à l'état vert.

Mon cher Monsieur Goffart,

A la fin du mois d'octobre 1875, vous m'avez demandé de venir à votre ferme de Burtin pour assister à un ensilage de maïs géant coupé en vert que vous faisiez exécuter, afin de pouvoir, quelques mois plus tard, revenir constater ce que serait devenu le maïs conservé. Je me suis avec d'autant plus de plaisir rendu à votre invitation que cela pouvait être pour moi une occasion précieuse de vérifier scientifiquement si votre méthode de conservation dont, en compagnie de mes confrères de la Société centrale d'agriculture, MM. Bella et Moll, j'avais déjà pu reconnaître l'efficacité, tenait réellement tout ce qu'elle nous avait semblé promettre.

Vous aviez bien nettement exposé vos idées à cet égard. Vous ne cherchez pas à ensiler pour amener une fermentation dans le fourrage haché; vous vous proposez de maintenir toutes ses parties dans un état aussi voisin que possible de celui de la plante au moment même où elle vient d'être coupée. J'ai profité de la circonstance pour essayer d'apporter une part à la solution d'une question de physiologie végétale qui présente à la fois un intérêt scientifique et un intérêt pratique de premier ordre. Il s'agit de rechercher quelle est la répartition de la matière minérale et des principaux principes immédiats organiques dans les diverses parties de la tige du maïs. Lorsqu'on hache le maïs pour le mettre en silo, on arrive à faire un mélange de toutes les parties du végétal de manière à donner au bétail les parties les plus riches en matières alimentaires avec les parties les plus pauvres ; c'est là un des avantages de la méthode que vous employez depuis tant d'années, de faire passer les énormes poids qui constituent vos admirables récoltes de maïs géant, que vous cultivez de préférence, par une machine à hacher. Si vous livriez les tiges dans leur état naturel au bétail, celui-ci mangerait d'abord les parties tendres; il finirait par délaisser les parties les plus dures, celles-ci offrant à la dent plus de résistance, et au goût moins de saveur. Il sera incontestablement important pour la science de savoir ce que contiennent les divers organes de la plante. On verra en outre comment, dans l'analyse du mélange d'une récolte de maïs coupée en vert et soumise au hachage pour être ensilée, on peut être conduit à trouver des nombres essentiellement différents les uns des autres, selon qu'on tombera sur un ensemble qui contiendra une plus ou moins grande proportion de l'organe le plus riche.

J'ai pris treize pieds de maïs pesant ensemble 16 kilogr. 795, et je les ai découpés en six lots ainsi qu'il suit. Chacun de ces lots a été desséché à 100 degrés :

	Poids à l'état frais.	Poids après dessiccation à 100°	Eau ou perte p. 0/0
	grammes.	grammes.	
Feuilles	4.805	1.315	72.63
Panicules	102	47	56.07
Épis avec les rafles	3.026	752	75.14
Partie supérieure des tiges	1.270	125	90.15
Partie moyenne des tiges	2.446	341	86.06
Partie inférieure des tiges	5.146	661	87.15
Les treize tiges	16.795	3.241	80.76

La tige de chaque pied avait été divisée en trois parties comprenant un égal nombre de nœuds, et chaque partie a été hachée en petits morceaux pour subir la dessiccation d'abord à l'air libre, ensuite dans une étuve chauffée à 100°; la longueur moyenne de chaque lot des tiges était :

Partie supérieure	0m,65	Soit 2m,33 pour la hauteur moyenne de chaque tige, non compris les panicules.
Partie moyenne	0m,88	
Partie inférieure	0m,80	

On voit que, au moment où la récolte a été faite, l'eau était très-inégalement répartie dans chaque pied. Les tiges, principalement à la partie supérieure, étaient plus aqueuses, mais l'appareil foliacé l'était beaucoup moins ; les grains étaient encore un peu laiteux. Les rapports entre les diverses parties de la plante se sont trouvés être les suivants :

	à l'état normal.		à l'état sec.	
Feuilles	29.20	47.87	40.57	65.19
Panicules	0.66		1.42	
Épis avec les rafles	18.01		23.20	
Partie supérieure des tiges.	7.56	52.13	3.85	34.81
Partie moyenne des tiges	14.86		10.52	
Partie inférieure des tiges	30.01		20.44	
Totaux	100.00	100.00	100.00	100.00

On voit par là que si les tiges fraîches l'emportent par le poids sur le reste des organes de la plante, elles renferment néanmoins une moindre proportion de matière sèche, le tiers seulement environ, et moins que les feuilles, qui ont cependant, à l'état frais, un poids beaucoup plus faible.

J'ai analysé séparément chacun des six lots formés comme il vient d'être dit, et j'ai obtenu pour chacun d'eux la composition suivante en matières organiques et en matières minérales ou cendres :

				Tiges.			
	Feuilles.	Panicules.	Epis.	Partie supérieure.	Partie moyenne.	Partie inférieure.	La plante entière.
Matières organiques	89.01	94.80	98.30	95.43	97.31	98.26	94.26
Matières minérales (cendres)	10.99	5.20	1.70	4.57	2.69	1.74	5.74
Totaux	100.00	100.00	100.00	100.00	100.00	100.00	100.00

On voit tout de suite, d'après ces chiffres, que les matières minérales se sont accumulées dans les feuilles et dans la partie supérieure des tiges; quant aux proportions exactes de ces matières minérales dans les divers organes, elles peuvent se calculer facilement d'après les nombres de ce dernier tableau et d'après les chiffres proportionnels qui représentent les rapports entre les diverses parties de la plante à l'état sec. Les voici :

	Matières minérales absolues dans les parties proportionnelles des organes du maïs desséché.	Rapports des matières minérales dans les divers organes du maïs.
	—	—
Feuilles	4.46	77.70
Panicules	0.07	1.22
Epis et rafles	0.39	6.79
Partie supérieure des tiges	0.18	3.13
Partie moyenne des tiges	0.28	4.87
Partie inférieure des tiges	0.36	6.29
Dans 100 parties de maïs sec (tout haché ensemble)	5.74	100.00

Ainsi, plus de 77 0/0 des matières minérales s'accumulent dans les feuilles, plus de 14 0/0 dans la tige, et un peu plus de 6 0/0 seulement dans l'épi.

Recherchant maintenant la composition des diverses parties de la plante en matières azotées, matières grasses, matières sucrées, matières amylacées, cellulose et matières minérales, nos analyses nous ont fourni les résultats qui suivent pour les organes secs :

	Feuilles.	Panicules.	Epis.	Tiges. Partie supérieure.	Partie moyenne.	Partie inférieure.	La plante entière.
Matières azotées (d'après l'azote).....	6.28	6.27	11.09	4.34	3.86	3.37	6.47
Matières grasses (solubles dans l'éther)......	1.30	1.90	2.50	1.00	0.40	0.30	1.28
Matières sucrées (solubles dans l'alcool).....	6.50	4 70	8.30	17.50	20 60	21.00	11.77
Matières amylacées et autres (par différence).....	64.33	25.23	73.51	39.49	38.65	35.79	56.35
Cellulose.. ...	10.60	56.70	2.90	33.10	33.80	38.00	18.37
Matières minérales	10.99	5.20	1.70	4.57	2.69	1.74	5.74
Totaux....	100.00	100.00	100.00	100.00	100.00	100.00	100.00
Azote 0/0 de chaque partie sèche.......	1.004	1.004	1.775	0.694	0.617	0.540	1.033

L'épillet s'est trouvé, comme on devait s'y attendre, car toutes les recherches faites jusqu'à ce jour sont d'accord sur ce point, beaucoup plus riche en azote ou en matières azotées que les autres parties du maïs. Les diverses portions de la tige se montrent encore assez riches, et surtout les feuilles, pour qu'on conçoive qu'on ait raison de les faire consommer par le bétail. Cependant la puissance nutritive, telle qu'on est convenu de la définir par le rapport des matières azotées à la somme des matières grasses, sucrées et amylacées, est très-inférieure dans les tiges à celle des autres organes ; on a en effet, les nombres suivants pour représenter ces puissances nutritives relatives :

	Puissances nutritives.	Rapports des puissances nutritives à celle des épillets prise pour unité.	Parties contributives des matières azotées dans l'ensemble du maïs.	Parts de l'azote de chaque partie du maïs dans son ensemble.	Puissance nutritive du maïs d'après l'ensemble de toutes ses parties.
Feuilles.......	$\frac{1}{11.45}$	0.66	2.54	0.406	
Panicules......	$\frac{1}{5.07}$	1.49	0.09	0.014	
Epillets.......	$\frac{1}{7.60}$	1.00	2.57	0.411	
Partie supérieure des tiges..	$\frac{1}{13.13}$	0.57	0.17	0.027	$\frac{1}{11.17}$
Partie moyenne des tiges....	$\frac{1}{15.45}$	0.49	0.41	0.065	
Partie inférieure des tiges....	$\frac{1}{16.88}$	0.45	0.69	0.110	
Matières azotées ou azote dans l'ensemble du maïs (toutes parties mélangées)...................			6.47	1.033	

Dans ce tableau j'ai ajouté à la comparaison des puissances nutritives relatives des diverses parties du maïs le résultat du calcul des parts contributives de chaque partie dans l'expression totale des matières azotées ou de l'azote de l'ensemble de la plante, et celui du calcul de sa puissance nutritive réelle. Il ressort avec la dernière évidence de l'examen de la question que lorsqu'on soumet à l'analyse chimique une certaine quantité de maïs haché que l'on prend au hasard dans un silo, on ne peut nullement avoir la certitude de prélever une masse qui contienne toutes les parties du végétal dans leurs proportions réelles ; il suffit de prendre un morceau d'épillet en trop, par exemple, pour fausser entièrement toutes les conséquences que l'on entendra pouvoir tirer de la comparaison des nombres fournis par l'analyse la plus soignée. Cette remarque s'applique aussi bien à nos propres analyses antérieures qu'à celles publiées par M. Grandeau et aussi à celles faites par M. Leclerc dans le *Bulletin de la Société des agriculteurs de France*, du 15 mai 1876. Il y aura lieu de revenir sur ce sujet ; quant à présent, il importe de continuer l'étude de la répartition des autres principes immédiats dans les diverses parties de la plante.

Les matières grasses ou plutôt solubles dans l'éther se concentrent dans les feuilles et dans l'épi. Cela ressort bien clairement du tableau synoptique précédent des analyses des six lots faits dans le maïs ; en calculant les parts contributives de chaque partie, on a les résultats suivants :

	Parts contributives de chaque partie en matières grasses.	Répartition des matières grasses dans les diverses parties du maïs.
	—	—
Feuilles	0.53	41.40
Panicules	0.03	2.18
Epillets	0.58	45.31
Partie supérieure des tiges	0.04	3.12
Partie moyenne des tiges	0.04	3.12
Partie inférieure des tiges	0.66	4.87
Dans 100 parties de maïs sec (tout haché ensemble)	1.28	100.00

Je dois reconnaître que les nombres obtenus dans mes dosages pour les matières solubles dans l'éther sont faibles relativement surtout à ceux qu'on est habitué à rapporter pour la graine de maïs ; mais il faut remarquer qu'on n'a guère analysé jusqu'ici à ce point de vue que du maïs arrivé à sa maturité complète, et l'on ignore absolument jusqu'à présent à quel moment et comment se produisent les matières grasses dans les végétaux.

Après l'épuisement par l'éther qui donne les matières grasses salies par quelques matières résineuses, nous avons fait l'épuisement par l'alcool à 90° bouillant ; cette opération fournit principalement du sucre et un peu de matières colorantes. Le tableau synoptique indique la concentration du sucre dans les feuilles et la tige; en calculant les parts contributives de chaque partie du maïs, on obtient la répartition suivante :

	Parts contributives de chaque partie du maïs en matières sucrées.	Répartition des matières sucrées dans les diverses parties du maïs.
Feuilles	2.64	22.36
Panicules	0.07	0.59
Épillets	1.93	16.41
Partie supérieure des tiges	0.67	5.69
Partie moyenne des tiges	2.17	18.45
Partie inférieure des tiges	4.29	36.50
Dans 100 parties de maïs sec (tout haché ensemble)	11.77	100.00

On voit que c'est surtout dans la partie inférieure des tiges que, du moins au moment où l'on coupe le maïs encore vert pour l'ensilage, réside la matière sucrée.

La répartition de la cellulose nous présente à son tour les résultats suivants qui offrent également de l'intérêt :

	Parts contributives de chaque partie du maïs en cellulose.	Répartition de la cellulose dans les diverses parties du maïs.
Feuilles	4.30	23.40
Panicules	0.80	4.35
Epillets	0.67	3.64
Partie supérieure des tiges	1.27	6.91
Partie moyenne des tiges	3.56	19.38
Partie inférieure des tiges	7.77	42.32
Dans 100 parties de maïs sec (toutes les parties hachées ensemble)	18.37	100.00

La cellulose est donc, comme on devait s'y attendre, en beaucoup plus forte proportion dans la tige, et surtout vers le bas de cette tige qui doit supporter tout le végétal, que dans toutes les autres parties.

Quant aux autres principes immédiats non azotés qui ne sont solubles ni dans l'éther ni dans l'alcool bouillant, et qui sont constitués en grande partie par de l'amidon, ils se trouvent répartis ainsi qu'il suit :

	Parts contributives de chaque partie du maïs en matières amylacées et autres.	Répartition des matières amylacées et autres dans les diverses parties du maïs.
	—	—
Feuilles	16.11	46.32
Panicules	0.36	0.64
Epillets	17.05	30.24
Partie supérieure des tiges	1.52	2.69
Partie moyenne des tiges	4 06	7.20
Partie inférieure des tiges	7.27	12.91
Dans 100 parties de maïs sec (toutes les parties hachée ensemble)	56.37	100.00

Ainsi, c'est principalement dans les feuilles et dans l'épillet que se concentrent l'amidon et les autres principes immédiats insolubles successivement dans l'éther et dans l'alcool bouillant, et qui ne sont ni de la cellulose, ni des matières azotées, ni des matières minérales.

Nous avons recherché l'amidon ou plutôt la matière transformable en sucre ou susceptible de réduire l'oxyde de cuivre dans la liqueur de Fehling.

Pour 20^{cc} de liqueur de Fehling il a fallu 11^{cc},4 d'une liqueur sucrée contenant dans 100^{cc},1 gramme de sucre de canne interverti par l'acide sulfurique étendu ; on peut donc regarder 20^{cc} de cette liqueur comme équivalant à 0^{gr},114 de sucre de canne ou 0^{gr},1199 de glucose ou encore 0^{gr},1079 d'amidon.

8

Cela étant, on a réduit 1 gramme de l'épillet de maïs desséché à 200° en farine qui a été mise en contact avec 80^{cc} d'acide sulfurique au cinquantième (2 gr. d'acide pur dans 100^{cc} d'eau), dans un petit flacon à l'émeri ; le flacon a été plongé dans un bain-marie chauffé à 100° pendant quatre heures. Après refroidissement, le volume du liquide a été porté à 100^{cc} ; il a fallu employer 14^{cc},2 de cette liqueur pour réduire 20^{cc} de la liqueur cupro-potassique de Fehling. Un calcul simple indique la proportion de 84.60 0/0 de sucre, d'où il faut retrancher 8.30 déjà dosé ; il reste 76.30 correspondant à 68.66 d'amidon 0/0. Les matières amylacées et autres forment ensemble 73.51 ; il y avait donc 4.85 0/0 de matières gommeuses et autres. Un deuxième dosage a donné les mêmes résultats. Il y aurait lieu d'entreprendre des investigations analogues sur toutes les parties du maïs ; on trouverait certainement à constater des faits d'une grande importance pour la physiologie végétale. Le temps nous a manqué pour les poursuivre quant à présent.

La composition des matières minérales ou cendres a, d'une manière toute particulière, été l'objet de nos recherches. Comme dans toutes nos déterminations sur les cendres végétales, nous avons eu soin de aire les incinérations en deux fois, c'est-à-dire que nous enlevons aux cendres noires toutes les parties solubles dans l'eau afin d'éviter la disparition des sels alcalins sous l'action d'une forte chaleur, et que nous continuons ensuite la calcination des cendres jusqu'à parfaite blancheur ; nous réunissons les résultats des analyses de la partie soluble dans l'eau et dans la partie insoluble. Nos méthodes de dosage sont exactement celles indiquées par M. Paul de Gasparin dans son *Traité de la détermination des terres arables dans le laboratoire,* sauf pour l'acide phosphorique, que nous dosons par le moyen de l'urane.

Nos recherches sont résumées dans le tableau suivant :

Composition des cendres de chaque partie de la plante 0/0 de matière sèche.

	Feuilles.	Panicules.	Epillets.	Tiges. Partie supérieure.	Tiges. Partie moyenne.	Tiges. Partie inférieure.	La plante entière.
Acide phosphorique	0.437	0.521	0.571	0.473	0.244	0.244	0.412
Acide sulfurique anhydre.	0.356	0.319	0.061	0.237	0.151	0.150	0.219
Chlore	0.115	0.142	0.060	0.226	0.056	traces.	0 078
Potasse	0.135	0.410	0.463	0.948	0.393	0.042	0.253
Soude	0.745	0.540	0.364	0.377	0.338	0.145	0.475
Chaux	1.515	0.618	0.059	0.472	0.277	0.249	0.736
Magnésie	0.620	0.782	0.120	0.712	0.283	0.152	0.379
Sesquioxyde de fer	0.051	0.006	traces.	0.022	0.055	0.011	0.029
Silice soluble	0.188	0.014	traces.	0.055	0.055	traces.	3.143
Silice insoluble	6.820	1.850	0.006	1.030	0.748	0.720	
Acide carbonique et perte	0.008	»	»	0.018	0.090	0.027	0.016
Totaux	10.990	5.202	1.704	4.570	2.690	1.740	5.740

Pour savoir si ces matières minérales diffèrent les unes des autres, et dans quel sens, il convient de déterminer leur composition centésimale qui est la suivante :

Composition centésimale des cendres de chaque partie de la plante.

	Feuilles.	Panicules.	Epillets.	Tiges. Partie supérieure.	Partie moyenne.	Partie inférieure.	La plante entière.
Acide phosphorique	3.97	10.01	33.50	10.35	9.07	14.02	7.17
Acide sulfurique	3.21	6.13	3.58	5.18	5.61	8.65	3.81
Chlore	1.04	2.73	3.52	4.93	2.15	traces.	1.35
Potasse	1.23	7.88	27.11	20.72	14.61	2.41	4.41
Soude	6.78	10.37	21 36	8.25	12.57	8.39	8.26
Chaux	13.78	11.87	3.46	10.32	10.29	14.31	12.96
Magnésie	5 64	15.03	7.04	15.57	10.52	8.73	6.60
Sesquioxyde de fer	0 46	0.11	traces.	0.48	2.08	0.63	0.51
Silice	63.76	35.83	0.34	23.74	29.83	41.37	54.75
Acide carbonique et perte	0.13	0.03	0.09	0.46	3.27	1.49	0.18
Totaux	100.00	100.00	100.00	100.00	100.00	100.00	100.00

Il résulte de ce tableau que les cendres les plus riches en acide phosphorique et en potasse sont celles des épillets ; ce sont aussi celles qui contiennent le plus de soude, le moins de chaux et le moins de silice.

Quant à la répartition de chaque principe minéral dans les diverses parties de la plante, il faut, pour l'étudier complétement, entrer dans un examen plus détaillé et reprendre chaque étude à part.

L'acide phosphorique, ou peut-être plus justement le phosphore, joue un rôle capital dans l'agriculture, non pas parce qu'il est plus indispensable que plusieurs autres corps à la végétation, mais seulement parce que la nature ne l'a pas réparti avec tant de profusion dans toutes les terres ou dans l'atmosphère que tels ou tels éléments qu'on regarde, à cause de cela, comme secondaires. Au fond, il n'y a pas, parmi les éléments des plantes, un corps d'une importance réellement plus grande qu'un autre ; si l'on en juge autrement, c'est parce qu'on se place au point de vue particulier de l'agriculteur qui, ayant besoin de produire des denrées d'une composition spéciale, doit accumuler, pour les mettre à la portée des plantes, les corps qui entreront spécialement dans l'organisation des matières qu'il recherche. C'est ainsi que pour obtenir des aliments abondants qui pourront donner lieu à une production rapide d'animaux domestiques, dont quelques organes réclament beaucoup de phosphore, il faut rechercher les moyens d'augmenter la dose de phosphates plus ou moins assimilables que les plantes trouvent dans la couche arable où se développent leurs racines. Fournir ces moyens en faisant connaître les sources de phosphore, soit dans les résidus perdus de l'industrie et de l'économie domestique, soit dans les gisements minéraux, a été un des plus grands services rendus dans les temps modernes à l'agriculture par la chimie et par la géologie. Mais là se bornent actuellement nos connaissances sur la question. On ignore encore absolument comment se répartit le phosphore dans le végétal, par quels procédés il pénètre et circule pour s'accumuler dans certains organes, ni même exactement quels sont ces organes. Il convient même de dire que si les méthodes analytiques dont on s'est servi jusqu'ici pour le retrouver dans les plantes le livrent au chimiste sous forme de phosphates calcaires ou alcalins, elles n'indiquent absolument rien sur la forme véritable qu'il peut affecter dans les cellules végétales, mais elles peuvent servir à constater sa distribution relative ; c'est ce renseignement que les chiffres qui suivent fournissent en ce qui concerne le maïs coupé pour servir comme fourrage vert destiné à l'ensilage. On a :

	Parts contributives de chaque partie du maïs.	Répartition de l'acide phosphorique dans les diverses parties du maïs.
	gr.	
Feuilles	0.177	42.96
Panicules	0.007	1.70
Epillets	0.132	32.04
Partie supérieure des tiges	0.020	4.85
Partie moyenne des tiges	0.026	6.31
Partie inférieure des tiges	0.050	12.14
Pour la plante entière à l'état sec	0.412	100.00

Ainsi le phosphore s'accumule particulièrement dans les feuilles et l'épillet, un peu avant que la maturation de la graine se produise.

Le rôle du soufre dans la végétation est à peu près inconnu. Il en faut absolument aux plantes, c'est tout ce qu'on sait ; mais on ne l'y rencontre pas en forte proportion, à moins que les méthodes suivies pour le rechercher n'en laissent perdre une partie, ce qui est possible, car on ne l'a guère déterminé que dans les cendres végétales à l'état de sulfate ; il se trouve généralement en moindre proportion que le phosphore. Pour le maïs, d'après les analyses précédemment rapportées, le phosphore est au soufre comme 180 à 88, ces deux nombres correspondant à 412 d'acide phosphorique et à 219 d'acide sulfurique anhydre. On a pour la répartition, en continuant à exprimer le phénomène par les doses d'acide sulfurique :

	Parts contributives de chaque partie du maïs.	Répartition de l'acide sulfurique dans les diverses parties du maïs.
	gr.	
Feuilles	0.144	65.75
Panicules	0.005	2.28
Epillets	0.014	6.39
Partie supérieure des tiges	0.009	4.11
Partie moyenne des tiges	0.016	7 30
Partie inférieure des tiges	0.031	14.17
Pour la plante entière à l'état sec	0.219	100.00

Les deux tiers de l'acide sulfurique sont, comme on le voit, concentrés dans les feuilles, et un sixième environ se trouve dans la partie inférieure des tiges ; il paraît n'en exister ailleurs que d'une manière tout à fait secondaire.

On sait encore moins, s'il est possible, sur le rôle du chlore dans la végétation que sur celui du soufre. En effet, sur la production de certaines plantes, du trèfle notamment, les sulfates, ou du moins le sulfate de chaux ou plâtre a une influence bien démontrée, quoique l'explication en soit encore environnée de quelque obscurité, malgré les judicieuses considérations présentées par notre illustre maître M. Boussingault. Au contraire, sans les expériences décisives du prince de Salm-Horstmar, on ignorerait même que le chlore est indispensable à l'accomplissement régulier de toutes les phases de la végétation ; mais la plus complète obscurité règne sur son action réelle. D'après nos recherches sur le maïs, il est ainsi réparti dans les diverses parties de la plante :

	Parts contributives de chaque partie du maïs.	Répartition du chlore dans les diverses parties du maïs.
	gr.	
Feuilles	0.047	60.26
Panicules	0.002	2.56
Epillets	0.014	17.95
Partie supérieure des tiges	0.009	11.54
Partie moyenne des tiges	0.006	7.69
Partie inférieure des tiges	traces.	traces.
Pour la plante entière à l'état sc	0.078	100.00

Environ 60 0/0 de chlore se retrouvent dans les feuilles comme l'acide sulfurique; cependant il es remarquable que l'épillet en contienne environ 18 0/0. C'est au moins une piste à suivre.

Déjà la richesse des cendres des épis de maïs en potasse a été constatée plus haut ; il n'y a là rien de nouveau. Depuis les analyses de Berthier qui a mis en évidence le fait général de la présence de la potasse et de l'acide phosphorique dans la végétation, « aucune plante sans potasse », est passé à l'état d'axiome. Mais comment se répartit la potasse dans le maïs, toujours dans les conditions spéciales de nos analyses qui portent sur le végétal un peu avant la maturation de la graine et sous un climat où peut-être la variété expérimentée n'arriverait pas à maturité? C'est ce que disent les chiffres suivants :

	Parts contributives de chaque partie du maïs.	Répartition de la potasse dans les diverses parties du maïs.
	—	—
	gr.	
Feuilles	0.055	21.94
Panicules	0.006	2.27
Epillets	0.107	42.29
Partie supérieure des tiges	0.036	14.23
Partie moyenne des tiges	0.041	16.20
Partie inférieure des tiges	0.008	3.17
Pour la plante entière à l'état sec	0.253	100.00

Il y avait déjà au moment de la coupe du maïs, à la ferme de Burtin, plus de 42 0/0 de la potasse totale dans les épis; s'il est vrai qu'un peu plus de 21 0/0 se trouvait déjà dans les feuilles ; il y avait encore 30 0/0 dans les parties supérieure et moyenne des tiges, mais très-peu dans la partie inférieure.

En ce qui concerne la soude, on est loin d'être d'accord sur le rôle qu'elle joue ; quelques chimistes éminents nient même presque absolument son mérite dans la végétation ; c'est du moins ce qu'il paraît résulter des Mémoires, si instructifs d'ailleurs, de M. Peligot sur la potasse et la soude envisagées dans les plantes continentales. Nos analyses donnent des résultats qui ne seront pas sans utilité. On a :

	Parts contributives de chaque partie du maïs.	Répartition de la soude dans les diverses parties du maïs.
	gr.	
Feuilles	0.302	63.58
Panicules	0.008	1.68
Epillets	0.084	17.66
Partie supérieure des tiges	0.015	3.15
Partie moyenne des tiges	0.036	7.57
Partie inférieure des tiges	0.030	6.36
Pour la plante entière à l'état sec	0.475	100.00

Comme pour l'acide sulfurique et le chlore, les deux tiers ou environ de la soude contenue dans l'ensemble du végétal se trouvent accumulés dans les feuilles ; il y en a cependant dans l'épi une proportion assez forte pour qu'on ne puisse pas la regarder comme fortuite, quand on remarque surtout que l'épi est, dans l'état où le fait la coupe du maïs vert, complétement enveloppé, recouvert par plusieurs feuilles qui ne se sont pas ouvertes et qui le protégent contre l'impression des poussières atmosphériques.

De toutes les matières utiles, nécessaires aux plantes, la chaux est celle qui est la plus anciennement connue ; à son égard, il y a longtemps qu'il n'y a plus de discussion. Quant à sa répartition dans l'ensemble du végétal, on ne l'a pas encore étudiée. Elle se présente de la manière suivante pour le maïs coupé encore vert :

	Parts contributives de chaque partie du maïs.	Répartition de la chaux dans les diverses parties du maïs.
	gr.	
Feuilles	0.615	83.56
Panicules	0.009	1.22
Epillets	0.014	1.90
Partie supérieure des tiges	0.018	2.44
Partie moyenne des tiges	0.029	3.94
Partie inférieure des tiges	0.951	6.94
Pour la plante entière à l'état sec	0.736	100.00

Plus des quatre cinquièmes de la chaux se retrouvent dans les feuilles ; il n'y en a pas 2 0/0 dans l'épi ; mais la proportion est croissante à mesure que l'on descend dans la tige.

Le rôle de la magnésie dans la végétation a été peu étudié ; elle accompagne si souvent la chaux dans la nature qu'on n'y a pas porté peut-être l'attention qu'elle mérite ; il n'est pas douteux cependant, d'après les expériences faites en Allemagne, que sa présence en quantité assez notable, mais sans dépasser certaines limites, soit indispensable aux plantes. Nous avons trouvé pour la répartition dans les parties diverses du maïs les chiffres suivants :

	Parts contributives de chaque partie du maïs.	Répartition de la magnésie dans les diverses parties du maïs.
	—	—
	gr.	
Feuilles............	0.252	66.49
Panicules............	0.011	2.93
Epillets.............	0.028	7 39
Partie supérieure des tiges.............	0.027	7.12
Partie moyenne des tiges.............	0.030	7.91
Partie inférieure des tiges.............	0.031	8.16
Pour la plante entière à l'état sec........	0.379	100.00

Les deux tiers de la magnésie ont été amenés dans les feuilles ; mais à part les panicules, qui n'en contiennent environ que 3 0/0, elle est répartie en quantités presque égales dans les épis et les trois parties de la tige, avec une légère accumulation vers le bas de celle-ci. Le phénomène est analogue à celui que présente la répartition de la chaux.

La présence du fer dans les plantes n'est recherchée que depuis que MM. Boussingault et Paul de Gasparin ont appelé l'attention sur la question, qui a évidemment une grande importance à cause de la nécessité du fer pour la vie des animaux qui se nourrissent d'aliments végétaux. Pour la répartition du fer dosé à l'état de sesquioxyde dans les diverses parties du maïs coupé en vert, nous avons trouvé :

	Parts contributives de chaque partie du maïs.	Répartition du fer dans les diverses parties du maïs.
	gr.	
Feuilles	0.02069	70.48
Panicules	0.00009	0.30
Epillets	traces.	traces.
Partie supérieure des tiges	0.00055	1.87
Partie moyenne des tiges	0.00579	19.71
Partie inférieure des tiges	0.00225	7.64
Pour la plante entière à l'état sec	0.02937	100.00

Comme pour le soufre, le chlore, la soude, la chaux et la magnésie, l'accumulation la plus grande a lieu dans les feuilles. Mais il y a un fait peut-être très-remarquable à noter, c'est presque l'absence du fer dans le grain du maïs tel qu'il a été récolté à

Burtin pour nos analyses ; si ce fait se confirme pour le maïs récolté à l'état de maturité, il y aurait là une explication à l'opinion des médecins sur l'insuffisance de la farine du maïs pour l'alimentation humaine. En ce qui concerne le maïs récolté pour être consommé à l'état vert après ensilage par le bétail, il y a réparation de l'absence de fer dans l'épi par sa présence dans les autres parties de la plante.

La silice contenue dans la plante doit enfin appeler notre attention ; nous ne ferons pas de distinction entre celle qui s'est présentée à l'état soluble et celle qui a été dosée de suite à l'état insoluble ; ce n'est là qu'un accident de méthode d'analyse ; il est très-probable que toute la silice pénètre à l'état soluble dans les organes des végétaux. La quantité trouvée est très-considérable, et elle a une répartition qui est un fait plus singulier encore, ainsi qu'il résulte des chiffres suivants :

	Parts contributives de chaque partie du maïs.	Répartition de la silice dans les diverses parties du maïs.
	gr.	
Feuilles	2.843	90.45
Panicules	0.026	0.82
Epillets	0.001	0.03
Partie supérieure des tiges	0.042	1.33
Partie moyenne des tiges	0.084	2.67
Partie inférieure des tiges	0.147	4.70
La plante entière à l'état sec	3.143	100.00

Ainsi, plus de 90 0/0 de la silice trouvée par l'analyse dans la plante entière se trouve accumulée dans les feuilles ; il n'y en a qu'une quantité extrêmement faible dans l'épi ; la tige en contient davantage en proportion croissante à mesure que l'on descend, mais la dose est extrêmement loin d'approcher de celle des feuilles ; dans la tige entière d'un pied, malgré son poids considérable, il n'existe qu'environ la dixième partie de la silice présentée par l'ensemble des feuilles d'un pied de maïs.

Il résulte de tous les faits que je viens d'exposer qu'il y a de très-grandes différences dans la composition des principes minéraux que contiennent les diverses parties du maïs, de même que les principes immédiats qui constituent ces parties diffèrent entre eux d'une manière considérable.

De là cette première conséquence que, vu la masse très-grande de quelques-uns des organes de la plante et la masse relativement faible de quelques autres, il est à peu près impossible, quand on prélève un échantillon dans un silo de maïs haché vert, de pouvoir affirmer que cet échantillon représente bien le fourrage soumis à l'examen du chimiste. Ce point est capital dans la question de comparaison que l'on a tenté de faire entre divers ensilages ; aussi je me propose d'entreprendre ce travail. Il importe qu'on ne laisse pas faire fausse route aux cultivateurs dans des recherches pour lesquelles ils consultent la science afin d'avoir des renseignements utiles, afin de rencontrer un guide et non pas des indications trompeuses.

Il faut encore déduire des faits constatés des conséquences d'un ordre plus général tant sur le rôle physiologique des principes divers qui concourent au développement des plantes et à l'accomplissement des diverses phases de la vie végétale, que sur la puissance alimentaire pour les animaux de telles ou telles parties des récoltes. Je reviendrai sur cette question dans une étude sur la composition des diverses parties du seigle coupé en vert pour être haché et ensilé, dont j'ai pris aussi des échantillons sur la ferme de Burtin.

Je vous remercie, mon cher monsieur Goffart, des occasions que vous me donnez de résoudre plusieurs questions agricoles du plus haut intérêt, et en vous félicitant des beaux résultats que vous obtenez, je vous renouvelle l'expression de mes sentiments affectueux et dévoués.

J.-A. Barral.

V

Extrait du Rapport présenté le 12 octobre 1875 au Comice agricole de Romorantin,

par M. Rousseau.

La découverte des phosphates a été un événement heureux pour la Sologne, mais c'est à la condition que nous prendrons pour objectif dans nos cultures la production de l'herbe. L'abus, sans ce remède, nous conduirait rapidement à la stérilité. — Il nous faut produire de l'herbe, des fourrages ; les deux années de terrible sécheresse que nous venons de traverser nous en démontrent la nécessité. Jusqu'à l'époque actuelle, nos ressources en fourrages étaient limitées à nos prairies naturelles, aux trèfles, aux ray-grass. Nos prairies naturelles, quand nous n'avons pas la possibilité de les irriguer, sont d'un bien faible rendement, et les herbes qu'elles produisent sont des herbes de Sologne, c'est-à-dire d'une médiocre qualité nutritive. Les trèfles, les minettes, les ray-grass nous laissent dans l'embarras trop souvent. Notre sol est léger, conserve peu l'humidité nécessaire pour produire abondamment ces fourrages; nous en avons vu la triste expérience cette année, car dans toutes les fermes que nous avons visitées, celle qui nous a accusé la plus grande production ne dépassait pas 30 à 35 voitures. Ces résultats sont affligeants pour l'agriculture et retarderaient indéfiniment de nouveaux progrès, si des ressources supplémentaires ne venaient s'offrir à nous.

Il appartenait à un agriculteur distingué de la Sologne, de nous apporter ce complément à nos besoins.

Depuis que M. Goffart a démontré, par des travaux et des expériences de plus de dix années, que le maïs-fourrage, cultivé convenablement, donnait dans nos terrains des récoltes abondantes, qui chez lui ont dépassé 120,000 kilogr. à l'hectare, nous pouvons dire que nos contrées sont à l'abri des disettes de fourrages. Depuis qu'il a prouvé par des essais multipliés que ces masses de vivres étaient non-seulement une ressource pour la belle saison, mais que par l'ensilage, pratiqué simplement, on se créait pour l'hiver une provision presque inépuisable, nous pouvons avancer que l'agriculture solonaise a trouvé sa formule.

La betterave, qui ne vient pas bien chez nous, est la richesse des départements du Nord, elle leur permet d'entretenir, d'engraisser une grande quantité de bestiaux, et par suite, par une grande production d'engrais, de maintenir, d'accroître la fertilité de leur sol. La betterave nous manque, nous aurons le maïs-fourrage ; et si nous consentons à lui donner des fumures abondantes et, ce qu'il préfère par-dessus tout, des superphosphates ; si nous savons nous servir du procédé qui nous est indiqué, nous verrons apparaître un second mouvement agricole qui aura peut-être plus d'essor que le premier, celui de la découverte des phosphates, et qui assurément ne pourra offrir les mêmes dangers.

VI

Rapport présenté le 31 octobre 1875 au Comité central agricole de la Sologne,

par M. Julien,

président du Comice de Romorantin.

Messieurs, la question du maïs-fourrage et surtout de sa conservation au moyen de *l'ensilage* avait fait trop de bruit dans le monde agricole pour que le Comité y restât étranger. Vous avez compris tout de suite le profit que le pays pouvait tirer de cette innovation, et ce ne sera pas un de vos moindres titres à la reconnaissance publique que de posséder parmi vous les chercheurs qui ont aidé le plus à trouver les moyens de faire passer dans la pratique une idée destinée à opérer une véritable révolution dans l'agriculture du centre de la France.

Effectivement, une des grandes difficultés devant

laquelle vient fatalement se heurter celui qui entreprend une culture régulière dans la Sologne ou dans un pays à sol analogue, c'est l'incertitude qu'offre la récolte des fourrages. Notre climature excessive, passant d'une grande humidité à une sécheresse extrême, tient toujours son entreprise en péril, il ne peut compter sur les ressources que de longue main il aurait préparées. Aujourd'hui, grâce à l'introduction du *maïs-fourrage* dans notre assolement, le bétail trouvera une alimentation aussi assurée l'hiver que l'été, et comme l'a judicieusement écrit un publiciste de la presse agricole : « Le maïs est pour nos départements du Centre ce qu'est la betterave pour les contrées à sol riche, et, autant que la précieuse saccharifère, il met à notre disposition une immense provision de pulpes. »

Pénétré de cette vérité, que les fourrages verts étaient susceptibles de se conserver, et dans la pensée d'initier à ce nouveau procédé agricole nos cultivateurs solognots, votre Comité s'est empressé de désigner une commission chargée d'examiner *de visu* les travaux pratiques d'un de nos collègues auquel revient incontestablement le mérite d'avoir aidé plus que personne à la vulgarisation de ce nouveau mode de conservation des fourrages.

J'ai nommé M. Goffart, de Burtin, l'infatigable propagateur de l'ensilage du maïs.

Cette commission, composée de MM. Baguenault de Viéville, E. Labiche, Grimault et Julien, se transporta au château de Burtin, le 5 avril dernier. A cette époque déjà avancée de la stabulation hivernale, la provision de maïs commençait à s'épuiser; mais ce qu'il en restait nous permettait de constater avec plus de certitude son bon état de conservation, et la manière dont le bétail s'en accommodait encore.

Disons de suite que la vacherie de Burtin, composée d'une trentaine de bêtes, nous a semblé très-remarquable par la santé de ses animaux, bien que nous les vissions dans un moment où ils se ressentaient le plus du régime de l'hiver. Les vaches, en partie de la race du pays, donnaient relativement une forte proportion de lait; quelques normandes et mancelles, qu'on aurait pu supposer plus délicates, avaient non moins belle apparence que les autres; aussi acceptions-nous volontiers le rendement en lait assez élevé que nous accusait le régisseur; d'ailleurs, preuve certaine d'une alimentation de bonne qualité, il y avait dans l'étable une dizaine de veaux également en parfait état d'entretien.

On fit devant nous une distribution de conserve de maïs, et l'avidité avec laquelle les bêtes le dévoraient constituait le meilleur éloge en faveur du fourrage ensilé. L'aspect du maïs, sortant du silo, était celui d'un fourrage haché qu'on aurait fait bouillir et qui aurait conservé un notable degré d'humidité; sa couleur était brune; l'odeur, fortement alcoolique, était analogue à celle des pulpes de distillerie ou mieux des drèches de brasserie; le goût était passablement sucré.

De là nous fîmes la visite des silos ; les uns sont dans les bâtiments, les autres dans les champs. Les premiers se composent de compartiments en maçonnerie établis sous un ancien hangar ; ils ont environ 2 mètres de largeur sur 5 mètres de longueur, avec une hauteur de 2^m,50 et sont ras le sol. En ce moment, ils étaient vides, mais on procéda en notre présence à l'ouverture d'un silo en plein champ ; à part quelques taches de moisissure sur les couches supérieures, l'état de conservation du fourrage était très-satisfaisant, et nous croyons facilement, comme M. Goffart, qu'il était susceptible de se garder longtemps encore. Dorénavant les silos en terre vont être supprimés à Burtin, le propriétaire trouvant plus d'avantage à les remplacer par des silos en maçonnerie, ce qui rendra la manutention plus facile tout en aidant au maintien de la conserve.

Mais, avant de vous entretenir de l'opération si intéressante de l'ensilage du maïs, permettez-moi, messieurs, de vous donner quelques détails sur sa culture. Assurément presque tous vous possédez à fond la question; mais les travaux du Comité devant recevoir une certaine publicité, n'est-il pas à propos qu'une description pratique facilite à nos cultivateurs l'essai de l'ensilage des fourrages verts?

Le maïs s'accommode parfaitement du sol de la Sologne et de son climat ; les terres qui lui conviennent le mieux sont les terres brunes de nos vallées, quoiqu'il réussisse fort bien aussi dans nos sables argileux ; il est avide d'engrais et particulièrement d'engrais azotés et phosphatés, il lui faut des labours profonds et un sol bien assaini. On ne peut guère commencer l'ensemencement avant la première quinzaine de mai, car la jeune plante redoute les gelées du printemps; on sème soit en ligne, ce qui permet plus tard un binage à la houe à cheval, soit à la volée. Dans le premier cas, on emploie environ 60 kilogrammes de graine par hectare; il en faut 1/3 en plus pour le semis à la volée. On a fait la remarque que le maïs réussissait mieux enterré à la charrue qu'à la herse.

Presque toutes les sortes de maïs donnent une abondante récolte de fourrages, mais c'est surtout avec les deux espèces géantes dites Caragua et Dent-de-Cheval qu'on peut obtenir ces prodigieux rendements de 80,000, 100,000 et même 120,000 kilogrammes par hectare, comme le fait l'habile agriculteur de Burtin.

Dans les semis en lignes, 15 jours à 3 semaines après la levée de la graine, on peut passer la houe à cheval, puis le buttoir, mais il faut se hâter de donner ces deux façons, car bientôt la hauteur des tiges ne permettra plus d'y faire pénétrer les attelages. S'il survient quelques pluies bienfaisantes pour entretenir la terre en état de fraîcheur, la végétation marche à vue d'œil et il semble qu'on puisse borner là les soins à donner à cette plante qui, dans ces parfaites conditions, devient essentiellement étouffante.

Tout le monde sait que le maïs frais constitue une

excellente nourriture pour le bétail et principalement pour les vaches auxquelles il donne un lait abondant et de très-bonne qualité ; mais ce qu'on ignore généralement, c'est que les chevaux en sont très-friands. Non-seulement le maïs-fourrage développe l'engraissement chez tous les animaux en général, mais il procure aux chevaux une excitation toute particulière. Ainsi nous recevions, ces jours derniers, une communication fort intéressante de deux agriculteurs émérites, MM. Jolivet et Le Corbeiller, qui, par la parfaite tenue de la ferme de Cungy qu'ils exploitent en commun, viennent d'obtenir la prime d'honneur du département de l'Indre. Ils nous disaient que leurs juments nourries au maïs, de calmes qu'elles étaient d'habitude, devenaient fort excitées, qu'à l'écurie elles piaffaient et hennissaient à l'instar des chevaux entiers : ils attribuaient cette surexcitation au principe alcoolique contenu dans le maïs; toutefois ils ont dû supprimer cette nourriture, parce qu'ils remarquaient aussi que leurs bêtes prenaient trop d'embonpoint, qu'elles soufflaient et suaient outre mesure.

Il découle de cette observation que personne jusqu'aujourd'hui n'avait constaté que le maïs-fourrage pourrait dans une certaine proportion entrer avantageusement dans la ration des chevaux.

Dans tous les cas, par des années de rareté de fourrage comme celles que nous subissons en ce moment, on peut remplacer le foin par un mélange de maïs et de paille hachés, et malgré leur rigidité les animaux croquent à belles dents les rondelles de maïs découpées par le hache-paille.

A propos du hache-paille, qu'il nous soit permis de dire qu'on n'a pas encore assez compris tous les services que peut rendre cet instrument dans une exploitation, là surtout où les récoltes fourragères ne sont pas plus assurées que dans notre contrée. Votre rapporteur ose avancer qu'il est indispensable, et il peut en parler par expérience, puisque chez lui tous les fourrages consommés par les chevaux ou par les bœufs sont toujours préalablement hachés, et cela depuis plus de 25 ans.

Il en résulte une immense économie qui permet d'entretenir un plus grand nombre d'animaux, en utilisant toutes sortes de fourrages verts ou secs mélangés avec de la paille hachée.

Lorsque le maïs, destiné à être consommé en vert, passe directement du champ à la mangeoire, il est préférable de semer les espèces ordinaires dont les tiges plus fines sont plus facilement mangées par les animaux.

Outre que ces variétés se trouvent plus facilement dans le commerce et à meilleur marché, on peut encore diminuer le prix de revient de la semence en l'associant à d'autres plantes, telles que le sarrasin et le millet. Dans ce cas une sage proportion serait de semer, par hectare, un hectolitre de maïs ordinaire, 20 litres de sarrasin, 10 litres de millet.

Mais, messieurs, je dois vous ramener à votre point

de départ, l'ensilage du maïs auquel mes digressions ont laissé le temps de mûrir.

Voici arrivée l'époque de le couper, c'est-à-dire celle où les panicules bien développées indiquent que le grain est en voie de formation.

A ce moment, alors que la plante est dans toute sa force de végétation, rien de beau comme l'aspect d'un champ de maïs géant bien réussi; c'est une forêt vierge, et malheur à l'imprudent qui tenterait de s'y aventurer, il risquerait de revenir bien des fois sur ses pas avant d'en sortir, car nul moyen de s'orienter au milieu de ce fourrage monstre de la hauteur de 3 mètres.

Tel est le spectacle plus qu'intéressant, je dirais le spectacle d'un émouvant attrait pour un agriculteur, qu'offrait, au commencement de septembre, la pièce des 4 hectares de maïs de Burtin.

La hauteur moyenne atteignait $3^{m},50$.

Nous avions la bonne fortune de constater le fait en compagnie de cultivateurs beaucerons qui paraissaient d'autant plus émerveillés que l'un d'eux, M. Thibault, « le lauréat de la prime d'honneur du Loiret, » nous avouait être venu, comme saint Thomas, avec l'intention *de voir parce qu'il ne pouvait croire.* A ces praticiens émérites nous disions qu'il existait de semblables récoltes chez maints agriculteurs de la Sologne et notamment chez un de nos collègues, M. Rousseau, au château de la Rébutinière ; ils nous répondirent qu'en Beauce leur réussite était moins complète et qu'il fallait véritablement que notre sol eût une aptitude toute particulière pour la production du maïs.

Par un heureux hasard, on essayait le même jour à Burtin un hache-paille extra grand modèle fourni par la maison Pilter de Paris, et à la manière dont fut dévorée en quelques minutes par ce puissant engin une charretée de maïs en tiges, on conçoit qu'il soit possible de hacher en peu de jours ces énormes quantités de fourrages indiquées par M. Goffart, qui n'ensile plus aujourd'hui que du maïs haché, tandis qu'originairement il ensilait des tiges entières.

Ici se présente la question assez complexe du meilleur procédé d'ensilage. Faut-il oui ou non hacher le maïs? Quel est le genre de silos à préférer ?

Les travaux de notre collègue de Burtin avaient eu un certain retentissement, plusieurs journaux agricoles les avaient commentés et discutés en s'appuyant sur d'autres essais qu'avaient tentés de leur côté quelques zélés agriculteurs : certainement la campagne actuelle va nous fixer d'une manière positive sur la meilleure méthode à employer, car la rareté de fourrages, en 1875, a engagé un grand nombre de cultivateurs à ensiler le maïs.

Toutefois, dès aujourd'hui, nous ne craignons pas de répondre qu'il n'est pas indispensable de hacher le fourrage vert pour l'ensiler, mais nous croyons qu'il vaut beaucoup mieux le faire, parce qu'on obtient ainsi un tassement plus régulier dans le silo, ce qui résume tout le secret de l'opération.

Oui, le fourrage vert et absolument privé d'air est tout aussi susceptible de se conserver que les fruits et les légumes que nos ménagères renferment dans des bouteilles ou des boîtes en fer-blanc parfaitement closes. Le point capital, c'est d'éviter le contact de l'air; par conséquent, il importe que le silo soit rempli le plus vite et fermé le plus hermétiquement possible.

Voilà, croyons-nous, la théorie de l'ensilage résumée en deux mots.

Pour ce qui est de la pratique, les moyens différeront suivant les circonstances locales. Ainsi, pour les silos simplement creusés en terre, il faut nécessairement ne leur donner en profondeur que celle où les eaux d'infiltration souterraines ne sont plus à craindre. On garnit le fond et les parois d'une très-légère couche de paille droite pour éviter le contact de la terre, puis on empile le fourrage haché ou non haché. Le premier mode est préférable, non-seulement parce qu'on obtient un tassement plus complet, mais il permet aussi d'augmenter la provision de fourrage vert par une addition de paille hachée ou de balles de blé. On peut facilement employer la paille hachée dans la proportion de 10 0/0, sans craindre d'altérer la qualité de la conserve ; la fermentation qui s'établit à l'intérieur du silo fait du tout une masse homogène dans laquelle la menue paille se trouve saturée des principes alcooliques du maïs.

Une fois arrivé ras-terre, on continue d'entasser le mélange en le comprimant fortement et on le monte aussi haut que possible en lui donnant la forme d'un toit. On entoure la masse d'un peu de paille droite et on recouvre d'une couche de terre régulièrement dressée et assez épaisse pour que l'eau du ciel n'y puisse pénétrer.

Les mêmes dispositions sont à prendre quand on ensile des fourrages en tiges, seulement il faut beaucoup plus de précautions pour obtenir un tassement suffisant ; mais quoi qu'on fasse, il reste du vide et de l'air et nécessairement il se trouvera des parties plus ou moins altérées.

L'avantage est donc au maïs haché avant l'ensilage, malgré tout l'embarras que donne cette opération ; d'un autre côté on sera dispensé de hacher lors du désensilage. Maintenant sera-t-il absolument nécessaire de choisir des journées de beau temps pour n'ensiler que du fourrage parfaitement sec ? Nous appuyant sur l'expérience de notre collègue, M. Goffart, et sur la nôtre propre, nous répondrons non, car peu importe l'humidité si elle n'est pas en excès. Elle nous semble même utile jusqu'à un certain point ; ainsi si on ensilait de la paille parfaitement sèche, elle ne manquerait pas d'être envahie par la moisissure sans pouvoir contracter cette senteur alcoolique que doit exhaler tout fourrage vert ensilé dans de bonnes conditions.

Par la même raison, nous dirons que l'introduction

du sel n'est pas nécessaire ; les quantités si minimes recommandées par divers ensileurs nous semblent tout à fait insuffisantes pour aider à la conservation du fourrage ; cette conservation est due plutôt à une sorte de coction lente produite par la haute température qui se développe dans le silo.

Nous n'avons pas besoin d'ajouter que ce procédé de conservation est tout aussi applicable à maints autres fourrages verts. Tels sont le seigle, le colza, le sarrasin avant la maturité de la paille, les tiges de topinambours, cet excellent fourrage qu'on laisse généralement perdre, tels sont les feuilles de betteraves, voir même le trèfle et la luzerne, mais surtout les regains qu'il est quelquefois impossible de faner.

Avions-nous donc tort de dire tout à l'heure que l'ensilage des fourrages verts opérerait une véritable révolution dans l'agriculture ? C'est toute une ère nouvelle ouverte au progrès pour les pays pauvres. Espérons que notre Sologne en profitera plus que tout autre et ce sera à juste titre, car c'est incontestablement de son sein que l'impulsion est partie. Nous pouvons même nous féliciter que cette impulsion, que cette révolution soient dues aux travaux réussis et persévérants d'un membre de notre Comité, M. Auguste Goffart.

En terminant, votre Commission vous demande si vous ne jugerez pas à propos d'attribuer, pour 1876, un prix spécial pour l'ensilage du maïs-fourrage [1].

JULIEN,
Président du Comice agricole de Romorantin.

[1] Après cette lecture, M. le président félicite et remercie, au nom du Comité, M. Goffart de son initiative et de ses efforts heureux et persistants pour donner à notre contrée un nouvel élément de prospérité. Il propose de désigner une Commission spéciale qui serait chargée d'établir les conditions d'un prix à décerner en 1876 à l'inventeur du procédé le plus économique et le plus facile pour la conservation du maïs, principalement dans les petites exploitations. — La proposition de M. le président est adoptée.

VII

Extrait de l'allocution prononcée au Comité central agricole de la Sologne, le 25 juin 1876,

par M. Boinvilliers, président.

La conservation du maïs comme fourrage vert, par l'ensilage, est aujourd'hui une question résolue, grâce aux persistantes et heureuses expériences de notre collègue M. Goffart. C'est un immense avantage acquis à la France et en particulier à notre Sologne, aussi je n'ai pas hésité à demander à M. le ministre de l'agriculture pour M. Goffart la décoration de la Légion d'honneur.

Cette récompense bien méritée ne s'est pas fait attendre.

(Cette nouvelle est accueillie par des applaudissements prolongés et unanimes.)

VIII

Extrait d'une conférence faite au concours régional de Blois, le 8 mai 1875,

par M. A. Goffart.

Vers 1850, je prenais à Versailles, et surtout à Asnières, part à des essais de conservation du froment par l'ensilage; j'étais alors l'ami et le compagnon de travail d'un homme dont la mémoire est restée chère à la science, M. Doyère, professeur de physiologie à l'Institut agronomique de Versailles. La science a perdu prématurément en lui un apôtre dévoué; je n'ai pas connu de nature plus franche et plus droite; sa passion pour le travail était sans bornes, et s'il eût vécu quelques années de plus, il aurait, j'en suis convaincu, résolu définitivement cette question de la conservation des grains par l'ensilage, qu'il n'a pu qu'ébaucher. Si je rappelle ici ces souvenirs, Messieurs, c'est tout simplement pour vous dire que depuis bien des années, la conservation des denrées alimentaires a été l'une des préoccupations de ma vie.

J'ai dit ailleurs comment, dès 1852, j'avais fait construire quatre silos sous sol, maçonnés et cimentés, ayant chacun une capacité de 2 mètres cubes ; ces silos, je les ai remplis et vidés plusieurs milliers de fois. Maïs, topinambours, betteraves, sorgho, raves, pommes de terre, pailles surtout, j'ai tout expérimenté avec plus ou moins de succès.

Mes pailles, dans les disettes de fourrages, ont sauvé plusieurs fois mes étables. Dans une année, entre autres, il y a de cela bien longtemps, j'avais à l'automne plus de 80 bêtes à cornes, et ma récolte en foin m'aurait à peine permis d'en nourrir 10 ; il faut être cultivateur en Sologne pour se trouver en présence de pareils embarras. Dans les contrées de riche culture, quand on dit : les foins ont manqué, cela signifie qu'au lieu de récolter 5,000 à 6,000 kilogrammes de foin à l'hectare, on n'en récoltera que 3,000 à 4,000; mais en Sologne, quand la récolte de foin manque, cela signifie qu'il n'y a pas du tout de récolte.

C'est dans ces pays pauvres que le cultivateur aux prises avec mille difficultés déploie le plus d'intelligence et d'industrie pour tirer de son sol si pauvre des moyens d'existence à peine suffisants. Tant vaut l'homme, tant vaut la terre, dit-on, je serais tenté de retourner ce vieux proverbe et de dire : l'homme doit valoir d'autant plus que la terre vaut moins.

Mais je reviens à mes 80 bêtes à cornes et à mes granges vides de foin; je me suis tiré d'affaire cette année-là parce que j'avais plus de 50,000 bottes de paille, de froment, avoine et seigle. Je les ai fait hacher, et avec 35 kilogrammes de farine de seigle que je faisais fermenter chaque jour dans de grandes cuves pour y tremper mes pailles, j'obtenais une nourriture attendrie par la fermentation, que mes bestiaux mangeaient et digéraient facilement. J'atteignis avec ces seules ressources le printemps suivant et j'échappai ainsi à la nécessité de vendre mon bétail à vil prix, à l'automne.

Je dois avouer qu'à la fin de l'hiver mes bestiaux étaient en assez triste état, mais les premières herbes du printemps les rétablirent rapidement et je ne fus pas obligé d'acheter alors d'autres bestiaux à des prix d'autant plus élevés que la disette de l'hiver avait conduit plus d'animaux aux abattoirs.

Nous sommes à la veille de passer par cette dernière épreuve, nous mangeons nos bêtes maigres depuis un an, faute de pouvoir les nourrir. Que les fourrages deviennent abondants et nous ne pourrons regarnir nos étables qu'à des prix très-élevés.

Je raconte ici les infortunes de mes confrères en agriculture, car pour moi et pour mes bestiaux les deux hivers qui viennent de s'écouler ont été des hivers d'abondance sans précédents.

Le résultat si désirable que j'ai obtenu, des milliers de cultivateurs peuvent l'obtenir comme moi;

mon plus vif désir, ma seule ambition, c'est de les mettre le plus promptement possible à même de m'imiter.

Jusqu'en 1872 je n'ai demandé à mes ensilages, d'ailleurs pratiqués sur une échelle très-restreinte, qu'un moyen de prolonger pendant trois semaines, un mois au plus, l'usage si avantageux du maïs comme nourriture de mes bestiaux.

J'ai fait pour cela mille expériences. J'ai mélangé mes maïs hachés aux proportions de pailles les plus variées, pour tâcher de reconnaître ceux qui donnent les meilleurs résultats; j'ai fait des silos à ciel ouvert en recouvrant la matière ensilée, tantôt de bottes de paille, tantôt de terre forte (jamais de sable, bien entendu). J'ai rempli mes 4 silos maçonnés de tous les mélanges possibles; ceux-ci auraient dû me mettre sur la voie du succès définitif, si je ne m'étais pas toujours effrayé trop tôt des légères altérations que je croyais reconnaître à la surface et que je provoquais du reste sans le vouloir par les visites trop fréquentes que je faisais à mes ensilages.

1873 arriva, et cette fois j'eus un véritable succès dû, dans une certaine mesure, au hasard, car il faut bien le reconnaître, le hasard joue presque toujours un rôle important dans les découvertes les plus heureuses.

Jusqu'à cette époque, j'avais à peine cru à la possibilité d'une longue conservation des maïs verts et il me répugnait de tenter dans ce sens des essais qui ne m'inspiraient qu'une faible confiance. J'hésitais et peut-être aurais-je hésité longtemps encore, si je n'avais eu en quelque sorte la main forcée. Voici les faits.

L'année 1873 avait été exceptionnellement favorable à la culture de mes maïs. A Burtin, cette récolte avait été énorme.

Après en avoir nourri copieusement mon bétail jusqu'en octobre et en réservant tout le maïs que je pourrais faire manger en vert jusqu'en décembre, je me trouvai en présence d'un excédant de 170,000 kilogrammes environ qui allaient se trouver perdus, si je ne parvenais pas à les conserver jusqu'au mois de mars suivant pour le moins. Je me mis résolûment à l'œuvre, et j'ai décrit dans ma première brochure les moyens que j'employai, ainsi que les résultats que j'obtins.

Les difficultés furent plus grandes peut-être qu'on ne serait tenté de le croire.

J'osais à peine compter sur un succès et les hommes qui devaient m'aider dans ma tâche y comptaient moins encore ; ils ne me prêtaient pas tout le concours que j'aurais dû attendre d'eux, tant s'en faut. En voici un exemple :

Un jour je dus quitter mes ouvriers, parce qu'une personne me demandait au château; mais mon absence fut courte et je revins à mon grand ensilage plus tôt que je n'y étais attendu.

Le travail avait cessé, naturellement. On causait

et j'entendis mon chef d'atelier dire aux ouvriers: « M. Goffart nous fait faire là une sotte besogne; il ferait bien mieux de jeter tout de suite son maïs sur le fumier, il faudra toujours qu'il finisse par là. » Je ne dis rien, mais je redoublai de surveillance personnelle, sachant le peu de zèle que j'avais à attendre de gens si convaincus de l'inutilité de leur travail.

J'ai fait connaître les résultats de ce premier essai d'ensilage sur une grande échelle; si ce ne fut pas un succès complet, il s'en fallut de peu et il était facile de prévoir que la question de la conservation des maïs par l'ensilage venait de faire un pas décisif.

Mes ensilages de 1874, dont les produits nourrissent encore ma vacherie à l'heure qu'il est, qui ne seront pas épuisés avant le 15 mai, ont réussi au delà de toutes mes espérances.

Il y a cependant encore bien des améliorations de détail à réaliser, bien des points obscurs à élucider.

Quel est le genre de silo auquel il conviendrait de donner la préférence?

Le silo au niveau du sol, en chambre en quelque sorte, est celui qui donne les meilleurs résultats pendant la saison froide (de décembre à mars exclusivement); mais aussitôt que la température s'élève, la fermentation s'y développe avec une extrême énergie, et en 1874 comme en 1875, on vit dès le mois de mars se produire un tassement considérable, conséquence d'une combustion lente qui se produisait dans la masse.

Le silo sous-sol, à parois maçonnées, n'a pas cet inconvénient : la température ne s'y élève pas en mars ni même en avril ; et à Burtin, le maïs qu'on extrait de ce silo en ce moment, 8 mai, n'a subi qu'une légère fermentation ; il est à peu près dans l'état où il a été ensilé, il y a sept mois.

Si j'avais à établir des silos de toutes pièces, je choisirais un endroit un peu élevé, de façon à pouvoir les enfoncer de deux mètres dans le sol, sans avoir à craindre l'envahissement des eaux ; je les maçonnerais, en élevant mes murailles à deux mètres au-dessus du niveau du sol, et j'aurais ainsi un silo mixte de quatre mètres de hauteur totale, sur deux ou trois mètres de largeur, moitié en sous-sol et moitié au-dessus du sol.

On consommerait pendant l'hiver la partie de l'ensilage occupant la moitié supérieure du silo, et on réserverait pour les mois les plus chauds la partie inférieure, qu'on attaquerait par le point le plus éloigné de l'ouverture, en revenant successivement vers la porte d'entrée. On aurait ainsi, je le pense du moins, d'excellentes conditions appropriées aux exigences des températures différentes.

L'essai de silo également sous-sol mais sans revêtement de parois en maçonnerie a donné aussi des résultats favorables, en ce sens que le déchet y a à peine atteint 1 0/0 de la masse ensilée; mais ce silo se dégrade rapidement lorsqu'il est vide, et, sous ce rapport, il est bien inférieur au précédent.

Il est un autre mode d'ensilage, dont la simplicité pourrait être un dangereux appât pour les gens sans expérience. Il consiste à faire sur le sol naturel une longue traînée de maïs haché, en forme de dos d'âne et de couvrir le tout d'une couche de terre ; je puis affirmer que ce silo n'a jamais donné que de mauvais résultats, à moins qu'il ne s'agisse de petit maïs non haché. Le tassement, qui est une condition *sine qua non* d'une bonne conservation, ne peut s'y opérer faute de points d'appui.

Ceux qui recommandent un pareil mode d'ensilage font preuve d'une coupable inexpérience, et s'exposent à causer de grands dommages aux gens crédules qui pourraient suivre leur conseils.

Ce qui a fait la vogue de ce genre de silo, ce n'est pas seulement sa simplicité, c'est surtout le peu de bonne foi avec lequel certains agriculteurs ont rendu compte des résultats qu'ils en avaient obtenus.

L'un d'eux, que je savais avoir enterré plus de la moitié de ses ensilages dans son fumier, pour cause de complète pourriture, me disait un jour : « Je ne puis pas me vanter d'avoir entièrement réussi ; non, je n'ai réussi qu'à moitié.

— Qu'entendez-vous par réussir à moitié? lui dis-je; voulez-vous dire que vous n'avez perdu que la moitié de vos ensilages ?

— En effet, la moitié, me répondit-il, c'est à peu près ce que j'ai perdu ; mais le reste est bien conservé.

— Vous avez tort, lui répondis-je, de dire après cela que vous avez réussi à moitié, vous n'avez pas réussi du tout. Quand on perd la moitié de son capital dans une opération, on n'a pas réussi ; on a fait une désastreuse affaire. »

Enfin, ces silos sur le sol, je les proscris de la manière la plus absolue pour la conservation des maïs hachés.

J'ai parlé, dans une de mes lettres, d'une expérience que je tentais, sans y attacher une grande importance. J'avais en quelque sorte noyé dans une meule de paille un millier de kilogrammes de tiges de maïs non haché, formant une couche de 25 centimètres d'épaisseur ; je comptais sur une bonne conservation et le fait m'a donné un complet démenti. J'ai retiré ce maïs de ma meule de paille, il y a huit jours ; il était réduit à l'état de fumier ; je ne recommencerai pas.

Voici bientôt le moment de semer les maïs ; il est bon de ne pas trop se presser. Les maïs Caragua et Dent de Cheval sont originaires d'un pays tropical ; ils périssent à la moindre gelée.

Chez moi, dans ma vallée, je ne sèmerai pas avant la fin de mai ou les premiers jours de juin.

Je sème de deux façons différentes. Mon premier procédé consiste à semer sur chaume de seigle ; une femme suit la charrue, et sème dans le sillon le maïs en espaçant les grains de 20 à 30 centimètres ; elle ne sème qu'un sillon sur deux.

Ici, j'ai à vous faire une observation importante ; le maïs trop enterré ne lève pas ou lève mal ; il faut l'enterrer par un labour très-léger.

Je lis dans Gasparin, à l'article Mais : Il faut prendre garde de ne pas trop enfoncer la semence, 6 à 8 centimères suffisent. Au delà de 10 centimètres, la levée manque presque toujours. J'en ai fait personnellement l'expérience. Dans quelques semaines, je planterai environ trois hectares de maïs sur billon ; mes billons sont espacés de 50 centimètres ; des femmes plantent en poquets de 30 à 35 centimètres, et mettent deux ou trois grains dans chaque poquet.

Les maïs ainsi plantés sur billons atteignent généralement une taille supérieure à ceux qu'on sème sous raie, derrière la charrue. Mais ces derniers sont plus serrés, et la récolte en tiges, moins hautes mais plus nombreuses, atteint à peu près le même rendement que sur billons. De plus, les semis sous raies se défendent mieux contre les déprédations des oiseaux qui, en Sologne, sont un véritable fléau pour les cultivateurs de maïs. J'emploie, pour les éloigner, mille moyens qui ne sont pas toujours efficaces. Il m'ont souvent causé des dommages très-sérieux. Dans les années où le maïs lève promptement et pousse avec vigueur, la terre est bientôt couverte, de telle façon que les mauvaises herbes sont étouffées. Dans le cas contraire, il faut faire enlever les mauvaises herbes qui, sans cela, domineraient le maïs et nuiraient beaucoup à son développement. Il est fort rare que je donne des buttages à la charrue, toujours difficiles entre des lignes étroites.

En général, on recommande entre les lignes, un espacement beaucoup plus considérable que celui que je pratique. Mais cette recommandation s'adresse à ceux qui visent à la récolte du grain. Il n'en est pas de même quand on ne veut que des fourrages.

Voici quelles ont été mes dépenses pour la récolte et l'ensilage de mes maïs.

Pour abattage, chargement, transport, hachage et mise en silo :

	francs.
57 journées d'homme à 2 fr.	114.00
9 journées de femme à 1 fr. 10	9.90
2 charretiers avec quatre chevaux pendant cinq jours, à raison de 4 fr. par collier ou 16 fr. par jour	80.00
Locomobile, cinq jours, à raison de 10 fr. par jour, prix convenu avec l'entrepreneur	50.00
Mauvais bois pour chauffer la locomobile, environ 3 fr. par jour	15.00
Total des frais pour l'ensilage	268.90

Ces 268 fr. 90 c. s'appliquent à l'ensilage de 226 voitures de maïs estimées contenir 1,000 kilogrammes chacune. Le prix de revient par chaque voiture de 1,000 kilogrammes se monte à 1 fr. 18 c.

Il y aurait à ajouter quelque chose à ce chiffre pour le graissage et l'usure du hache-paille.

La part, dans cette dépense, qui incombe au hachage proprement dit, se compose :

Frais de la machine à vapeur.................	65 fr.
Salaire des 2 engreneurs, dix journées à 2 fr..	20
— des 2 hommes qui projettent le maïs du hache-paille dans le silo..................	20
Total.....................	105 fr.

Soit par 1,000 kilogr. $\frac{105.00}{226} = 0.46$

Il ne faut pas perdre de vue que le travail du broiement des aliments épargné aux animaux, par le hachage, est lui-même une épargne de nourriture importante. Le choix du hache-maïs a la plus haute importance.

J'ai vu, à la dernière exposition agricole de Paris, deux hache-paille de grand modèle de la maison Albaret qui m'ont vivement frappé par la solidité et l'ingénieux agencement de leurs organes. Ils sont malheureusement fort chers.

Le hache-paille de la maison Pilter, que j'ai employé cette année, m'a coûté 500 francs. La trémie qui reçoit le maïs a $0^m,31$ de largeur ; la couche de maïs qui s'engage entre les cylindres a $0^m,13$ d'épaisseur.

On peut considérer le volume de maïs qui vient s'offrir sous les couteaux comme ayant la forme d'une corde plate de $0^m,13$ d'épaisseur sur $0^m,31$ de largeur. Chaque tour de volant, quand on coupe à $0^m,01$ de longueur, fait avancer cette corde de $0^m,02$, et si l'on suppose l'instrument marchant à 400 tours par minute, la corde avancera de 8 mètres par minute. En somme, la corde présentant une section transversale de 4 décimètres carrés, un avancement de 25 mètres donnera 1 mètre cube de maïs brut, non haché, représentant environ 500 kilogrammes. — 50 mètres de corde seront nécessaires pour représenter 1,000 kilogrammes. Ces 50 mètres devraient, à raison de 8 mètres par minute, être débités en 6 minutes 25 secondes ; en réalité, nous mettions 10 minutes environ pour hacher 1,000 kilogrammes. Cela tient à ce que la trémie n'est jamais remplie régulièrement et à ce que la marche du maïs est souvent suspendue, parce que les dents des cylindres engreneurs glissent quelquefois sur le maïs sans l'entraîner.

En 1874, je louai une machine à vapeur pour faire le hachage de mes maïs avec ce hache-paille nouveau de très-grande puissance. Le travail marcha avec une si grande rapidité que le mélange des pailles fut souvent impossible. Là est l'explication de l'irrégularité que l'analyse a constatée dans la teneur en pailles de mes différents silos. La plus grande proportion de paille ne dépassa pas 6 0/0 et tomba au-dessous de 1 0/0.

Cet automne, j'aurai des pailles hachées à l'avance et un ouvrier de plus pour faire le mélange, à moins que je ne me décide à ensiler le maïs pur, ce qui, je viens d'en faire l'expérience, ne présente aucune difficulté.

Arrachez chaque soir de votre tas le maïs destiné à la nourriture du lendemain et mélangez-y les 10 ou 12 0/0 de menue paille que vous voulez y ajouter. — Tassez le tout, recouvrez de paille, et 15 à 16 heures après, le maïs employé fût-il froid et exempt de toute fermentation au début, vous aurez un mélange très-chaud et en pleine fermentation, que vos bestiaux mangeront avec une grande avidité sans paraître se douter que le maïs a cessé d'être pur. Huit heures plus tard, la fermentation aurait dépassé les limites convenables, et l'altération arriverait rapidement. Ce dernier procédé est une conquête toute récente pour l'ensilage. Je l'avais essayé plusieurs fois l'an dernier, mais sans succès, parce que j'étais mal secondé.

La conséquence de ce fait, qu'on peut considérer comme tout à fait acquis à la pratique de l'ensilage, est des plus sérieuses. On peut ensiler le maïs pur sans diminuer les chances de bonne conservation et remettre au temps où on le consomme l'opération du mélange des pailles ou balles, qui complique et ralentit le hachage, tandis que l'extrême célérité est de la plus haute importance.

Il y a aussi un très-important intérêt à *éviter toute espèce de fermentation pendant et après l'ensilage.* Cette fermentation, vous la ferez naître quand vous voudrez, et quelques heures suffiront pour lui faire produire tous les effets utiles qu'on doit rechercher. Vous éviterez ainsi cette consommation lente de matières qui se produisait dans mes premiers silos et qui se traduisait par un tassement considérable, surtout quand la température se réchauffait en mars.

Non, le dernier mot n'est pas dit sur les ensilages, mais chaque jour amène son progrès. Depuis deux mois j'ai dû renoncer à bien des idées que je croyais au-dessus de toute contestation; il faut savoir s'avouer à soi-même qu'on s'est trompé, et surtout l'avouer aux autres sans y mettre d'amour-propre et sans autre passion que celle de la vérité.

S'il fallait sacrifier la fermentation pour éviter la perte des matières qui finit par se produire dans les silos, je préférerais subir cette perte, parce que j'attache le plus haut prix à la fermentation, dont les bons effets sont incontestables. Mais heureusement les deux points sont faciles à concilier.

Les bienfaits de la fermentation, les voici. Grâce à la fermentation, les matières ensilées subissent un commencement de décomposition, qui en facilite la digestion et en accroît la puissance nutritive ou assimilatrice.

Mes bestiaux, mes vaches à lait surtout, lorsque pendant l'été ils vivent exclusivement de maïs frais, en absorbent de très-grandes quantités et ont toujours le ventre très-développé, ce qui prouve que leur nourriture n'a pas toute la richesse désirable et qu'ils sont obligés de suppléer à la qualité, qui fait défaut, par une consommation excessive.

Mes bestiaux mangent-ils du maïs ensilé et fermenté, leur ventre tombe, leur ration, qu'ils limitent eux-mêmes, diminue de poids, et leur état général devient plus satisfaisant. Ne touchons donc à la fermentation que pour la limiter et non la supprimer.

Tout étudier, tout suivre, tout comparer, être toujours sur la brèche, savoir changer de système quand on reconnaît s'être trompé : tel est le devoir du cultivateurs, dont on envie peut-être un peu trop le sort.

Pour ma part, j'ai eu dans ma carrière agricole de rudes épreuves à traverser.

En janvier 1871, lorsque je revins à Burtin, après avoir pris part à la défense de Paris, je trouvai mes étables complétement vides ; en quelques jours le typhus m'avait enlevé 63 bêtes à cornes sur 64. Par des croisements successifs, avec une succession de taureaux normands, que je renouvelais tous les deux ans, je m'étais créé une race fort belle, et mes étables étaient justement renommées en Sologne. En dix jours, j'avais perdu le fruit de vingt années de travaux. Le coup était rude, mais sur l'heure je le ressentis à peine ; qu'était-ce qu'une perte de quelque milliers de francs auprès de la grande douleur patriotique dont notre cœur saignait si cruellement alors ! Je me remis courageusement à l'œuvre ; je rachetai de jeunes bêtes pour repeupler mes étables, que j'améliore chaque jour, sans me dissimuler que le temps me manquera pour accomplir de nouveau une œuvre d'aussi longue haleine.

En somme, Messieurs, nous venons de traverser un hiver bien rude pour les cultivateurs, si peu pourvus de fourrage. La campagne qui débute s'annonce mal; dans notre centre surtout, les premiers fourrages les trèfles incarnats, les sainfoins ne produisent rien. Une seconde année de disette fourragère, lorsque toutes nos réserves sont épuisées depuis longtemps, serait un véritable désastre.

Que devons-nous faire? Nous résigner? Oh non! dans un certain ordre d'idées, la résignation peut être considérée comme une vertu; dans le monde des travailleurs, la résignation serait une grande faute. N'est-ce pas l'honneur de l'humanité de ne se jamais résigner au mal? Combattre, lutter toujours, c'est notre lot et notre gloire en ce monde.

N'avons-nous pas d'ailleurs dans le passé de l'humanité l'exemple de nombreuses conquêtes sur le mal? Il y a un siècle à peine, une maladie affreuse, la petite vérole, enlaidissait, décimait l'espèce humaine; Jenner nous a apporté la vaccine.

A une autre époque de ma vie, lorsque je dirigeais de nombreux ouvriers, au fond des mines à charbons, je bénissais chaque jour le nom d'un illustre chimiste anglais, Davy, dont la lampe, qui porte son nom, a diminué des neuf dixièmes le nombre des victimes du feu grisou. Un savant, un sage du nouveau monde, nous a donné le paratonnerre.

Nous autres, pauvres cultivateurs, nous n'avons que trop à souffrir des circonstances atmosphériques qui suppriment telle ou telle de nos récoltes. Luttons avec courage; peut-être le plus obscur des pionniers de l'agriculture vous apporte-t-il aujourd'hui un moyen efficace de conjurer les disettes fourragères, qui sont l'un des plus grands fléaux des industries agricoles.

Ne contestez pas, je vous en supplie, à cette contrée si pauvre et si intéressante qu'on nomme la Sologne l'honneur d'avoir été le berceau d'un système d'ensilage réellement conservateur, et d'avoir donné un exemple que les meilleures contrées ne tarderont pas à imiter; c'est mon vœu le plus ardent et ma plus vive espérance.

IX

Conférence faite au Congrès de l'Association bretonne à Vitré, le 9 septembre 1876,

Par M. A. Goffart.

La Bretagne est sans contredit une des contrées de France qui comptent le plus d'habiles agriculteurs. Comment aurais-je la prétention de me poser en professeur ou en maître dans un pays qui possède les de Kerjégu, les Rieffel, les Bodin et tant d'autres célébrités dont la liste serait si longue, si je voulais les nommer toutes?

Aussi, je le répète, je n'ai nullement la présomptueuse pensée de vous faire une leçon. Le mot de conférence même serait trop prétentieux: une conversation, une simple causerie, voilà tout ce que je puis me permettre en présence d'un pareil auditoire.

Je n'ai pas eu grand mérite, Messieurs, à me rendre à la gracieuse et pressante invitation de votre honorable président; elle a été pour moi une excellente occasion de réaliser le désir que j'éprouvais depuis longtemps de faire plus ample connaissance avec les agriculteurs éminents de la Bretagne, dont j'ai tant de choses à apprendre, et de voir de plus près cette vieille terre du patriotisme et de l'honneur, qui nous rappelle à tous de si glorieux souvenirs.

Les premières conditions à remplir pour se livrer avec profit à la culture et à la conservation par l'ensilage du maïs sont les suivantes :

1° Posséder des terres réellement propres à cette culture ;

2° Les bien préparer et ensemencer d'après les meilleurs procédés ;

3° S'être procuré des semences des bonnes espèces et surtout bien conditionnées ;

4° Choisir un mode d'ensilage qui assure la meilleure conservation des produits obtenus.

Chacun des quatre points ci-dessus exigerait de longs et nombreux développements, que je donnerai plus tard aux agriculteurs dans un ouvrage spécial. Aujourd'hui je veux être aussi bref que possible.

Les terres qui conviennent le mieux à la culture du maïs sont les terres de consistance moyenne, plutôt légères que fortes, fraîches sans être très-humides, riches en humus et par suite d'apparence noirâtre. Il est remarquable que notre pauvre Sologne possède en abondance ce type de terrain, comme si le ciel avait voulu lui donner ainsi une compensation à toutes ses autres infériorités.

Les terres fortes sont également susceptibles de produire de beaux maïs; mais il faut les travailler, de manière à les pulvériser le plus possible, sous peine de compromettre la levée, qui ne se fait pas ou qui se fait mal dans les terres restées compactes, c'est-à-dire divisées d'une façon insuffisante.

S'être procuré des semences des bonnes espèces et surtout bien conditionnées. Cette question d'espèces est capitale et je disais, le 12 janvier dernier, dans un dîner d'agriculteurs à Paris, tous mes efforts pour faire un peu de jour sur cette matière.

J'étais entré, dans ce but, en relations avec le consul du Nicaragua à Paris (M. Petit Didier), dont je me plais à reconnaître ici la parfaite obligeance, et, par son intermédiaire, avec notre consul français au Nicaragua, l'honorable et habile M. Lévy. J'avais adressé à ce dernier de nombreuses questions et, entre autres choses, je lui avais demandé si le Nicaragua pourrait nous fournir des maïs de semence en quantité un peu considérable, et à quelles conditions.

Je mets ici sous vos yeux sa réponse littérale à mes questions ; il me l'a adressée par l'intermédiaire de notre consul général :

« Nous avons, en effet, au Nicaragua un maïs qui correspond assez au signalement donné par M. Goffart. Il atteint 6 à 7 mètres de haut quelquefois et n'a jamais moins de $3^{m},50$. En Ségovie, on l'appelle Caragua. En terre chaude, on l'appelle maïs blanc, parce que son enveloppe cornée est blanche ou jaune paille très-clair. Mais je n'ai jamais su (ni pu savoir même après la lettre de M. Goffart, laquelle m'a fait faire des recherches à ce sujet) qu'on en ait expédié d'ici en Europe. On n'en aurait expédié, m'a-t-on dit, qu'en Californie ou à New-York en 1863-64. M. Goffart pourrait-il dire quand est venu, pour la première fois, le Caragua en France et par quels voies et moyens ou intermédiaires ?

« Quoique son grain lui permette de faire des *tortillas* plus blanches et plus appétissantes que les autres, on le cultive très-peu ici, parce qu'il est long à pousser. Il demeure le double des autres entre le semis et la récolte. Je dis les autres, parce que nous avons une trentaine de maïs dont quelques-uns, sans être aussi gigantesques que le Caragua, sont également très-hauts, donnent d'énormes épis et cependant donnent leur récolte en 70 ou 80 jours, ce qui permet de ressemer aussitôt et de faire deux récoltes dans le même champ et même trois, chose très-importante dans un pays où l'on ne donne à la terre que des façons d'un coût insignifiant, aucun labour, et où la terre n'a de valeur que par le défrichement, c'est-à-dire l'abatis et le brûlis.

« Nous connaissons également le maïs comme fourrage vert et comme fourrage de garde. Pour cela on sème très-serré ; le maïs pousse alors comme un gazon épais, s'arrête à 1 mètre de haut et jaunit. On l'arrache alors avec ses racines et on en fait des bottes qui se conservent très-bien, même pendant deux ans, surtout quand il est pressé en balles, à l'aide d'une presse à coton. Nous appellons cela du *huate*, et beaucoup, moi du nombre, le préfèrent pour les chevaux de selle, dont il maintient le poil très-brillant sans étrillage. Avec tout autre fourrage, leur poil est terne.

« Il faudrait que M. Goffart envoyât un échantillon du Caragua qu'on apprécie en France, pour voir si c'est bien le même : s'il en est ainsi, il pourrait s'en procurer ici, mais sous certaines conditions, car on sème à peine du maïs pour la consommation et, sans la banane, on mourrait de faim. Peut-être cultiverait-on davantage sans les charançons, qui s'opposent à la conservation des grains. Le seul moyen de se procurer une certaine quantité de maïs pour l'exportation, serait d'avoir sur les lieux un agent intelligent et de faire des avances pour faire exécuter les cultures de commande. Je crois qu'on pourrait ainsi obtenir du Caragua à 15 ou 18 francs les 100 kilogrammes égrené, pris chez le producteur. On sèmerait en juin et on livrerait en novembre ; l'expédition pourrait avoir lieu en décembre et, dans le cas où l'on emploierait les voies rapides, on pourrait vendre à Paris au commencement de février. Mais les frais sont nombreux ; il ne faudrait pas compter au bas mot sur moins de 50 à 60 francs les 100 kilogrammes. En cultivant sur les bords du lac, conduisant à Grey-Town par eau et de Grey-Town en France par voiliers, peut-être réaliserait-on une économie considérable.

« En tout cas, la question se lie intimement à celle de la conservation des grains, agitée déjà avec M. de Mondésir. Sans l'application d'un procédé de conservation quelconque, il n'arriverait en France que des charançons ; c'est même pour cela que je me demande comment, du Nicaragua, il a jamais pu en être expédié en France. Je n'ai pas reçu la brochure dont parle M. Goffart ; si elle était sous bande et que son titre soit : « Conservation des grains, » elle a été volée par une des nombreuses mains par lesquelles passent nos lettres, car cette question intéresse tout le monde ici.

« P. Lévy. »

A cette lettre en était jointe une autre de M. de Mondésir, fort au courant des choses du Nicaragua. La voici :

« Buges, près Montargis, 12 octobre 1875.

« Je me permettrai de confirmer les renseignements de M. Lévy sur divers points et d'ajouter quelques renseignements personnels. L'évaluation à 50 ou 60 francs par 100 kilogrammes des frais et du fret est certainement un minimum très-difficile à atteindre pour les voies rapides : les relations par voiliers sont rares et incertaines, parce qu'il y a peu ou point de fret d'aller pour Grey-Town. Le transport par eau de Granada à Grey-Town est sujet à une foule de péripéties, déchargements pour alléger, mouillages, etc., qui ont peu d'importance pour des colis bien emballés, mais qui, pour des sacs de maïs, avec l'atmosphère humide et chaude du fleuve Saint-Jean, amèneraient forcément la pourriture. Je puis dire que, depuis 3 ans, que M. Lévy m'envoie des graines diverses, soigneusement séchées et emballées, elles me sont parvenues pourries toutes les fois qu'elles ont suivi cette voie.

« Les cultures de commande sont parfois dangereuses

11.

pour un produit de consommation locale et sujet, comme le maïs, à des variations de prix de 10 à 1. En effet, les Nicaraguiens ne cultivent qu'à peu près ce qui leur est nécessaire en maïs ; quand il survient une année de sécheresse ou de développement extraordinaire des charançons, il y a disette absolue, le maïs atteint des prix inusités, et dans ce cas, les entrepreneurs de cultures de commande sont trop intéressés à se dérober à leurs marchés pour résister à la tentation, et il n'y a aucun moyen pratique de les en empêcher, quelques précautions qu'on prenne dans les contrats.

« Enfin, comme le dit M. Lévy, la question de préservation des charançons prime tout. Ces insectes, favorisés par le climat, pullulent par générations de quinzaine en quinzaine, et détruisent tout approvisionnement. L'ensilage est rendu à peu près impossible par les condensations intérieures que le climat provoque, ou du moins il y a des difficultés que les procédés ordinaires ne résolvent pas. J'avais étudié cette question avec M. Lévy, l'an dernier, et je ne puis dire que nous soyons arrivés à une solution satisfaisante pour des quantités un peu considérables.

« Je crois donc qu'il n'y a aucune chance de réussite pour l'exportation de maïs du Nicaragua ; cependant si M. Goffart désire quelques explications supplémentaires, je suis entièrement à sa disposition.

« G. de Mondésir,

« Fabricant de papier à Buges, près Montargis (Loiret.) »

Certes ces deux lettres n'étaient pas encourageantes. Je ne me laissai pas rebuter, et j'entrai en rapport avec une maison française établie au Nicaragua, qui fit tous ses efforts pour me faire parvenir quelques sacs de ces maïs si difficiles à faire arriver en Europe. En février 1876, cette maison m'annonça le départ de cinq sacs de 55 à 60 kilogrammes chacun, contenant trois espèces de maïs, les plus estimées au Nicaragua.

Un seul de ces sacs m'est parvenu, mais il ne m'est arrivé que dans les premiers jours de juillet; les quatre autres sacs avaient été égarés pendant la traversée ou plutôt, nous en avons été informés depuis, oubliés au port d'embarquement. Heureusement, le sac qui m'est parvenu contenait les trois variétés annoncées : maïs blanc, maïs jaune, maïs couleur chocolat.

Je me hâtai de faire, dès le 2 juillet, plusieurs semis de ces maïs, et chaque fois j'eus la précaution de semer à côte du maïs venu d'Algérie, qui a servi à tous mes ensemencements de cette campagne, maïs excellent dont je ne pourrai dire assez de bien et dont je parlerai tout à l'heure.

Le maïs originaire du Nicaragua a levé avec une rapidité peu commune (54 heures après son ensemencement); il a un peu devancé sous ce rapport son concurrent d'Algérie. Depuis lors, les deux maïs grandissent concurremment, côte à côte, sans que le maïs du Nicaragua prenne une très-grande avance sur celui d'Algérie [1].

[1] Depuis que j'ai fait ma conférence, le maïs du Nicaragua a pris le dessus.

Les premières gelées ne viendront-elles pas les arrêter court tous les deux avant leur épiage? Ceci est fort à craindre, et dans ce cas les expériences décisives devront être ajournées à l'an prochain. Je n'en ferai pas moins connaître les observations que j'aurai été à même de réaliser cet automne.

Je cultive les grands maïs depuis bien des années, et j'ai toujours éprouvé de sérieuses difficultés à me procurer des semences d'une origine certaine et dans un bon conditionnement qui en assure la levée. Souvent on me livrait des maïs étrangers mêlés avec des maïs du pays, et cela tantôt sous un nom, tantôt sous un autre ; j'étais obligé de les accepter en aveugle, trop heureux encore lorsque ces maïs avaient conservé leurs propriétés germinatives, après les longues traversées qu'ils avaient dû subir. C'est pour cela que je me suis tant occupé depuis deux ans de cette question des semences, dont je suis parvenu à faire baisser les prix de plus de moitié, sans être arrivé à préserver mes collègues agricoles d'un autre inconvénient d'une gravité extrême, celui d'acheter comme semences des maïs d'Amérique, échauffés par un long séjour en mer et en entrepôt, qui, par suite, avaient perdu en grande partie leurs facultés germinatives.

Des centaines de cultivateurs ont été victimes, au printemps dernier, du mauvais conditionnement des semences qu'on leur a livrées. Il faut que l'an prochain l'agriculture prenne les précautions nécessaires pour éviter le danger auquel je fais allusion. Il suffira pour cela d'établir une surveillance rigoureuse aux ports d'arrivée des maïs destinés à nos ensemencements. Tout maïs avarié devra être rigoureusement proscrit comme semence, tout en pouvant recevoir une autre destination.

J'ai dit plus haut que j'avais semé exclusivement cette année des maïs venus d'Algérie, et que j'en avais été très-satisfait. Voici comment je me les suis procurés :

M. de Bonand, l'honorable président du Comice d'Alger, m'écrivit, il y a près d'un an, pour me dire que la maison Vilmorin lui avait fourni, sous le nom de maïs Caragua, un maïs qui avait atteint une très-grande hauteur (4 à 5 mètres) ; qu'il en avait récolté la graine dont il m'envoyait un échantillon, et qu'il mettait sa récolte à ma disposition. Ce grain était complétement mûr, bien récolté, enfin dans les meilleures conditions comme semence.

Je n'hésitai pas à acheter toute la récolte de M. de Bonand, n'ayant qu'un regret, c'est qu'elle ne fût pas plus considérable (1,800 kilogr. seulement). J'en cédai à quelques voisins, et chez tous, comme à Burtin, la levée eut un succès complet, pas un grain ne manqua. C'est grâce à cette circonstance que, malgré les terribles sécheresses de l'été, mes récoltes de maïs dépasseront encore 80,000 kilogrammes en moyenne à l'hectare. Que l'Algérie imite M. de Bonand ; qu'elle nous envoie beaucoup de maïs semblables à celui que j'ai reçu de cet habile agriculteur, elle nous rendra à tous un service signalé.

Quel était et d'où provenait le maïs que M. Vilmorin avait livré sous le nom de Caragua?

On a dépensé beaucoup d'érudition autour de ce nom de Caragua dont on a voulu donner l'étymologie. L'explication m'en paraît bien simple. Caragua est une abrévation de Nicaragua, comme Salonique, par exemple, ville qui a fait assez parler d'elle dans ces derniers temps, s'appelle réellement Thessalonique.

Un habile marchand de graines de New-York, voulant profiter de la bonne réputation des maïs du Nicaragua, qui passent avec raison pour les plus grands maïs du monde, baptisa de sa propre autorité du nom de Caragua un maïs connu à New-York sous le nom de Woodrow (arbre-fourrage). C'est ainsi que presque tous nos épiciers vendent sous le nom de Moka (le café le plus estimé du monde entier) des cafés qui n'ont jamais rien eu de commun avec cette contrée si limitée de l'Arabie. MM. Decker et Mot m'ont écrit une lettre assez curieuse à ce sujet :

« Paris, le 23 février 1876.

« On nous écrit d'Amérique ce qui suit : M. *Muller est le commissionnaire* qui a fourni autrefois à MM. Vilmorin-Andrieux et Cie le maïs *Caragua*. C'est lui, M. Muller, qui a baptisé cette graine spéciale de maïs du nom de « Caragua ; » son vrai nom était *Woodrow*, et il est toujours vendu sous ce nom-là à la bourse aux grains de New-York. Ce maïs est cultivé surtout pour fourrage dans la Caroline du Nord, la Géorgie, le Maryland, pays de production des mules et des bestiaux. C'est un Woodrow qui est l'*originateur* de ce maïs. Voilà l'historique fourni par M. Muller, aujourd'hui retiré des affaires, et c'est lui-même qui fournissait Vilmorin et Cie. Ces données sont certaines.

« Nous vous enverrons les échantillons qui nous arriveront sous peu.

« Agréez, etc. « E. DECKER et MOT. »

Ce point une fois éclairci, je suis loin de refuser au Woodrow de New-York des mérites bien réels; il lutte en ce moment chez moi avec les enfants bien authentiques du Nicaragua, et je ne puis dire encore s'il sera vaincu par son rival. Je le considère, dans tous les cas, comme supérieur au maïs Dent de cheval, lorsqu'il est bien conditionné, ainsi que celui de M. de Bonand.

Le grain du Woodrow, ou Caragua de M. Muller, est beaucoup plus petit que le maïs Dent de cheval et fournit par conséquent beaucoup plus de plantes par hectolitre semé.

Le maïs que j'ai reçu du Nicaragua est un peu plus gros comme grain que le Woodrow, mais plus petit que le maïs Dent de cheval. Il tient le milieu entre les deux espèces; mais par sa forme, il s'éloigne beaucoup du maïs Dent de cheval pour se rapprocher du Woodrow, avec lequel il a plus d'une parenté.

Enfin, nous voici édifiés ou à peu près sur trois variétés de maïs, toutes trois d'un mérite incontestable; nous avons fait un pas en avant et ce ne sera pas le dernier, j'espère.

L'important aujourd'hui, c'est de ne semer que des maïs bien récoltés, bien conditionnés.

J'ai eu le chagrin de rencontrer récemment, dans différentes contrées, de nombreuses plantations de maïs dont les lignes sont si clair-semées qu'elles rendront à peine un tiers de récolte. Cet insuccès est dû sans nul doute au mauvais conditionnement de la semence, qui n'a levé que pour une faible partie. Le pénitencier de Saint-Maurice, à Lamotte-Beuvron, est l'un des plus maltraités sous ce rapport. On y avait, paraît-il, employé comme semence des maïs récoltés en Corse, défectueux, selon toute apparence.

Je dis selon toute apparence, parce qu'il y a une autre cause que le mauvais conditionnement pour empêcher la levée, c'est d'enterrer sa semence trop profondément.

Le quatrième point relatif au mode d'ensilage qui mérite la préférence a été l'objet, de ma part, d'une étude particulière, publiée par le *Journal de l'Agriculture* du 17 juin dernier. — Le Bulletin de la Société des agriculteurs du 15 mai 1876 a donné d'intéressantes analyses faite à Mettray sur les maïs ensilés d'après les différents systèmes; elles confirment en tous points mes conclusions sur ce sujet : hacher menu et tasser dans des silos soit en terre nue, soit avec revêtement de maçonnerie selon le mode exclusivement pratiqué à Burtin, dont chacun de vous trouvera la description, avec planches à l'appui, dans les exemplaires du *Journal* que je mets à votre disposition.

J'aurais bien des choses à dire encore, mais le temps qui m'a été accordé est presque épuisé et je ne veux pas empiéter sur les moments qui appartiennent à celui qui doit me succéder à cette tribune. Les explications que j'ai eu l'honneur de vous donner ont été bien longues déjà et peut-être difficiles à saisir; je les compléterai d'une façon bien plus efficace chez moi, à Burtin, pendant mes ensilages, qui se feront vers le milieu d'octobre, pour ceux d'entre vous qui voudraient bien y assister. Je vous y convie de la façon la plus instante et vous promets à tous le meilleur accueil [1].

[1] Cette conférence, entièrement improvisée, a été accueillie par d'unanimes applaudissements. Quelques jours après, M. Goffart recevait de l'Association bretonne une grande médaille de vermeil aux armes de Bretagne, et le brevet de membre fondateur de cette Association.

X

Effets des geléee du mois de septembre 1877 à Burtin.

J'avais à peine terminé cet opuscule lorsque j'ai été surpris, comme tous mes confrères, par des circonstances météorologiques excessivement nuisibles.

Des gelées intenses, tout à fait prématurées, survenues dans les nuits du 22 au 23 septembre et suivantes, ont arrêté court la végétation de mes maïs, qui, au fond de ma vallée, semblent avoir été brûlés jusque dans leurs racines. Mes maïs des plateaux ont moins souffert, mais leur croissance est également arrêtée et il en résultera une réduction importante dans la récolte.

Quand arrive un pareil malheur, fort rare du reste, le moyen le plus efficace pour l'amoindrir consiste à couper ses maïs au plus tôt et à procéder à leur ensilage immédiat avant que le vent et la pluie ne viennent les coucher et les réduire rapidement en fumier.

Grâce à la prompte mesure que j'indique, la gelée ne cause guère d'autre dommage qu'une diminution de récolte plus ou moins considérable, suivant que les maïs gelés étaient plus ou moins éloignés de l'époque où ils auraient atteint tout leur éveloppement.

La conservation n'aura pas à en souffrir et, selon toute probabilité même, le produit obtenu sera plus riche, les plantes coupées jeunes contenant, à poids égal, plus de richesse alibile que celles qui ont atteint leur maturité.

Je viens de faire arracher sur une même planche bien fumée et bien préparée les plus beaux échantillons des différents maïs que j'avais semés le même jour, afin de pouvoir comparer leurs puissances relatives.

Voici les poids et hauteurs qu'on vient de constater :

				hauteur maxima.
Maïs du Mexique.	—	4	tiges.	4m,72
— d'Algérie.	—	4	Id.	3 70
— noir du Nicaragua.		4	Id.	4 01
— jaune	—	4	Id.	3 72
— blanc	—	4	Id.	3 80
— Dent de cheval.	—	3	Id.	3 07
— quarantain.	—	3	Id.	3 01

Le maïs du Mexique tient la tête, comme on le voit.

Mais à part le maïs quarantain qui occupe le dernier rang, comme hauteur, les autres espèces se suivent de fort près.

Chez deux de mes voisins, le maïs Dent de cheval a dépassé le Nicaragua blanc ; cela tient sans doute au mauvais conditionnement de cette dernière semence avariée par les charançons et au peu de richesse du sol où ils ont crû tous deux, le maïs Dent de cheval étant sous ce rapport moins exigeant que son rival d'Amérique.

En somme, le maïs Dent de cheval est peut-être préférable dans bien des cas, à cause de son bas prix et de ses moindres exigences en ce qui concerne la richesse du sol.

TABLE DES MATIERES.

TABLE DES MATIÈRES

Clichy. — Imprimerie Paul Dupont, rue du Bac-d'Asnières, 12. (1251, 10-7.)

JOURNAL

DE

L'AGRICULTURE

DE LA FERME ET DES MAISONS DE CAMPAGNE

ET

DE L'HORTICULTURE

Fondé et dirigé

PAR J.-A. BARRAL

Secrétaire perpétuel de la Société centrale d'agriculture de France.

Conseil de Direction Scientifique, Politique et Agricole :

MM. J.-A. BARRAL, BELLA, CASANOVA, GAREAU, DE GASPARIN, DE KERGORLAY, DE LAVERGNE

Le JOURNAL DE L'AGRICULTURE paraît tous les SAMEDIS en un numéro de 52 pages. Il forme par trimestre un volume de 500 à 600 pages, avec de nombres planches et gravures.

PRIX D'ABONNEMENT

Un an, 20 fr.— 6 mois, 11 fr.— 3 mois, 6 fr.— Un numéro, 50 cent.

Pour l'Étranger, le port en sus.

Les abonnements partent du commencement de chaque trimestre.

Le *Journal de l'Agriculture* est reçu régulièrement le samedi de chaque semaine dans toute la France. Il renferme dans chacun de ses numéros une chronique agricole rédigée par M. Barral; c'est la seule faisant connaître et discutant tous les intérêts du pays envisagés au point de vue de l'agriculture. Chaque numéro contient aussi une revue commerciale très-détaillée, avec les prix courants de toutes les denrées agricoles: c'est la seule qui soit faite dans ces conditions, et qui rende compte en même temps le samedi des cours de la halle de Paris et de tous les grands marchés agricoles de l'Europe.

Le *Journal de l'Agriculture* renferme, en outre, régulièrement le compte rendu des séances de la Société centrale d'agriculture de France, de la Société des agriculteurs et de toutes les grandes associations agricoles, ainsi que des concours de quelque importance. Il contient enfin des articles de fond sur toutes les questions de pratique et de théorie agricoles, avec de nombreuses figures et planches noires ou coloriées à l'appui.

Ce journal, rédigé par M. Barral, *secrétaire perpétuel de la Société centrale d'Agriculture de France*, est celui qui compte le plus grand nombre de collaborateurs en France et à l'étranger. Il appartient d'ailleurs à une société composée de plus de huit cents propriétaires ou agriculteurs. A ce point de vue, il offre par conséquent les meilleures garanties d'informations et d'influence.

www.ingramcontent.com/pod-product-compliance
Ingram Content Group UK Ltd.
Pitfield, Milton Keynes, MK11 3LW, UK
UKHW020121200726
13856UKWH00002B/663

9 782013 558198